觀雲識天賞光影

有趣的雲和大氣光學現象

香港氣象學會　編著

目錄 Contents

觀雲趣，賞光影

香港位於中國華南，屬典型的濱海丘陵地區，山多平地少，地貌豐富，亦擁有典型的亞熱帶季風氣候。香港最高的大帽山雖然不算太高，可是每年春季的雲海日出，日落暮靄；以及太平山下璀璨的琉璃雲，皆來自每年春季維港的平流霧，足以使一眾觀雲者和拍友們趨之若鶩。

夏季天空常見的積雲，來自海洋清新潔淨的空氣，澄明白亮，在蔚藍的天空下，更加跳脱。但她一發怒，就會往上跑，然後化身成為天空的王者積雨雲，時而扁平，時而披髮怒哮，而雷、電、雨都給呼喚來了。可是，壞脾氣總會過去的。隨之而來的是夏季常見的卷雲，她如天使頭髮般溫柔，絲絲縷縷，仿似隨風飄盪；又若新娘面紗的卷層雲，把含羞答答的天空蓋着，一蓋之下，精彩的大氣光學現象就來了，一頂如冠冕的日暈竟蓋着你頭上來。若太陽停留在半空的時候，環地平弧如彩色的毛毛蟲在離地平線上不遠處爬動着。若你運氣好，在黃昏或者清晨時，一張七彩的環天頂弧會在太陽上方迎着你微笑。否極必泰來，大雨過後，陽光或會給你一道絢麗的彩虹，以作慰藉。

秋天的天空都是由高積雲主導着，聚聚散散，都不離緣份的天空。千姿百態，不可思議的形態大都是高積雲的貢獻。你有多大的想像力，她就有多美！遙望天際，萬里長空，似靜未靜，一切隨着機緣變化，然後幻化出各人心坎中的雲朵。當你還未認清她的時候，她卻又驟然消失於你的眼前。就由她去，不用執着！跟着可能還有更精彩的等着你。

雖然沒有澎湃高聳的積雨雲伴舞，冬天的卷雲偶爾在藍天下翱翔，不愁寂寞。北風不時南下造訪，伴隨的層積雲、雨層雲、冷雨甚至薄霧也可能會給你帶來幾天納悶和鬱結。但只要你懷着盼望，充滿期待的心，燦爛的陽光和海天一色的景象定必再會出現在你眼前。

人人頭上有一片天，香港市區雖然高樓密集，可是只要有一角天空，仍然不阻賞雲者、觀天者去欣賞天空之美和多姿的雲朵。本書有不少出色的照片，都是拍攝者在有限的空間裏，與及在繁忙的生活日程中所拍攝，實在難能可貴。只要你喜歡，一定不會遺忘你頭頂上的天空，不管那是日與夜。

主編的話

我從小就和變幻莫測的天空結下不解之緣！小時候在港島北角山邊的木屋區長大，對大自然有份特別的親切感。木屋北面正對着維多利亞港，一望無際的景觀，是觀天賞雲的好地方。當時年紀還小，自然只會欣賞而説不出雲的名字。千變萬化的天空，但見雲捲雲舒，日出日落時絢麗的彩霞，真是目不暇接！高小時已搬到維港對岸的九龍慈雲山，閒時亦經常到山上四處遊走，觀天賞雲。中學時有幸遇到一位很好的地理科老師，培養我對地理特別是氣象的濃厚興趣。還記得當時雖然家境清貧，但仍和同學合資買了一本數十元的精裝版《中國雲圖》收藏，視為珍寶，可惜年代久遠，現已丟失。80 年代中期我大學畢業後，教了兩年書，便考入香港天文台，寓工作於娛樂，一晃眼便工作了三十二年。在天文台工作的期間，我觀天賞雲的興趣絲毫不減，旅行及公幹期間都會趁機用相機或手機拍下香港及世界各地特別的天空景象，收集在個人的「賞雲趣」相簿內珍藏。

2011 年我應天文台台長岑智明先生的要求，成立「社區天氣觀測計劃」（CWOS），以鼓勵社群參與及學習天氣觀測。推動這計劃的初期我只是摸着石頭過河，利用傳統的網頁做起，亦開始以個人名義，建立一個半官方式的 CWOS Facebook 群組，以加強推廣天氣資訊及分享天氣照片。為了進一步推廣 CWOS，我在 2014 年開始與眾多攝影達人合作，舉辦多場公眾講座，介紹天氣知識，推廣雲和大氣光學現象的觀測及攝影，並舉辦「每月最佳天氣照片選舉比賽」與一眾 CWOS Facebook 群組組員加強互動。自此，CWOS Facebook 群組組員人數由最初的一百多人增至現時的接近八千人，組員亦有來自海外的，每日在 CWOS 群組上分享的天氣照片及短片數以百計，有時某些特殊的天氣現象照片更被傳媒採用及廣泛報道，引起全城熱話。通過 CWOS 組員的積極參與，從前很多人以為難得一見的天氣現象如日暈、幻日、莢狀雲、雨幡洞等等，原來在香港絕不罕見！隨着高性能數碼相機及智能手機的普及，人人一機在手，多留意了天空，才把這些現象記錄下來。另一方面，香港獨特的地理環境和四季多變的天氣亦提供有利的條件，創造出這變化萬千的天空景象。

我有幸於 2014 至 2017 年間參與了世界氣象組織更新「國際雲圖」的彙編工作，製作「國際雲圖」的網上版，為世界各國氣象機構及觀雲愛好者提供最新觀雲指引。在此期間，CWOS 組員提供了數百張非常珍貴及精彩的照片，雖然最終只有部份入選，但已佔新版「國際雲圖」照片總數約百分之十！為了讓更多人能夠欣賞到 CWOS 組員的精彩作品，推廣觀天賞雲的樂趣，我應岑智明先生的邀請編寫這本雲書。本書簡單介紹了雲的分類和大氣光學現象概覽，並彙集了接近二百張從世界各地，特別是香港拍攝的雲和大氣光學現象照片，加上簡易詮釋有關現象的形成機制，並提供相關氣象資訊網頁。在編寫這本書時，我誠邀了兩位積極參與 CWOS 的管理員何碧霞女士及錢正榮先生協助編輯的工作，他們不辭勞苦地幫忙挑選照片及執筆撰寫部份內容。另外，我特別要多謝攝影達人六郎和張崇樂先生提供了大量珍貴照片以充實本書的內容。希望這本書的面世能進一步提高賞雲愛好者對各種雲和大氣光學現象的認識，領略到觀雲的樂趣和天氣變化的奧妙，為生活增添色彩。

譚廣雄

前香港天文台高級科學主任

2020 年仲夏

編者自序一

我出生於上世紀五十年代，人稱五十後。是一名業餘攝影愛好者和觀天愛好者，常疑雲陣陣，也愛玩弄光影。仍然待業中，因為永不言休。若有天在外出事，希望媒體不以一老婦來形容自己，拜托！

我早年是從事會計工作的，但是酷愛藝術，於是一路都不務正業，終日栽進繪畫的世界裏，後來更愛上攝影，攝影的經歷可謂橫跨了菲林以至數碼的年代。一向喜歡觀天，但是從來沒有把其看作很嚴肅的學問，只是隨心所欲地去記錄一下而已。一向較喜歡用觀雲、觀天，而不用賞雲賞天來形容我這個愛好。為何我喜歡這樣形容呢？觀雲觀天除了欣賞天空雲朵之美外，還應該朝更深層次的方向去看，讓自己多加思考，除了豐富了個人的知識外，在靈性上或者人生觀上還會得到啟發和領悟。

一次機緣巧合，把我帶到這個領域。朋友帶我加入了由當時香港天文台高級科學主任譚廣雄先生組織的「社區天氣觀測計劃」（CWOS）群組， 在那裏讓我認識了不少同好，同時學習了許多有關氣象的知識，於是激發起我更加認真地對待這個觀天喜好。香港天文台於 2016 年徵集照片更新「國際雲圖」，我適逢其會有機會分享以往埋藏在硬碟裏的照片，使人既驚訝，又鼓舞，原來以前拍下的照片是有分享價值的，對我而言，是一宗很大的紅利。

當你認識得越多，便發覺自己所知其實很少，自始便激發起我認真學習的決心。過程是這樣的，先拍，後學，再拍。從來沒有具備有關氣象知識的我，可謂中途出家，於是唯有更加努力學習。今次有幸被邀請協助編撰的工作，使我深感榮幸，對我也是一種鞭策。自問知識仍然淺薄，盼各界能指正點評，感激萬分。

何碧霞

2020 年仲夏

編者自序二

和大家一樣，我年青時都是忙着學業和玩樂。工作之後接觸了攝影，也視為閒餘的興趣之一。

我近年多了拍攝星空，在攝影過程中，為了不因天氣、環境的影響而徒勞無功，便嘗試了解更多有關天文和氣象方面的知識，有幸更加深入了解眾多的大氣光學現象，也欣賞到變化萬千的雲霞。這些在我年青的時代，都沒有太多的留意，卻原來一年之中，彩虹、日暈、月華等都算是常見的大氣光學現象。

而在觀察過程中，讓我發現天要下雨便下雨，雲要往哪裏便哪裏，它從不需要理會人的想法。但是，風雨過後便是晴天，繽紛的彩虹仍會伴隨着驟雨出現，天空總會有不經意的表演，而就是那些不定期的表演，永遠那樣吸引人。我稱這為「A pleasure of uncertainty」，也算是正向思維的一種。

所以，人要珍惜和感恩，只因一切也得來不易。人生匆匆數十寒暑，為了生活，大家在社會上營營役役，時光流逝後回頭一看，物換星移，青山依舊，人只不過是塵世的過客，在悄悄的人生旅程，未必帶走一片雲彩。

現今的資訊發達，人人成為使用手提電話的低頭族，很多身邊的景物會被忽略。大家不妨多仰望天際，發現和感受大自然的變幻和美好，享受它賜予我們這份珍貴又免費的娛樂。

錢正榮

2020 年仲夏

序言一

年幼的我住在西環一個低層的單位，從「花籠」密密的鐵絲網往外望只看見一線天空，觀天賞雲只是一件奢侈的事，用相機拍照更是遙不可及。後來我怎會成為「迷雲男人」[1]，愛上觀天賞雲呢？

事緣在九十年代我開始參與赤鱲角機場的風切變工作。有一次天文台邀請了紐西蘭著名航空氣象學家 Neil Gordon[2] 博士來香港，為探測風切變提供專業的意見。有天我們一起前往正在興建的赤鱲角機場，他留意到大嶼山的山上出現了可能與風切變有關的「莢狀雲」，聽罷我頓時感到非常驚訝！因為生活在石屎森林中的我，從來沒有想過這些應當在崇山峻嶺（例如阿爾卑斯山）出現的特殊雲種，竟也會在香港出現。Neil 看我有懷疑，便向我解釋，雖然香港的山不太高，但只要我們細心留意就會發現到這些奇雲。自此激發了我對尋找特殊雲種的熱衷。

當年我負責在大嶼山對面的大欖涌興建機場多普勒天氣雷達監測風切變。受 Neil 的啟發，我忽發奇想，找同事在雷達站臨時安裝了一部攝錄機對準大嶼山，希望藉着長時間錄影來捕捉與風切變有關的奇雲。還記得那一天，我用快速播放的方式，竟然在錄影中發現到一團在大嶼山山坡上旋轉的雲，與當時南風吹過大嶼山後形成風切變的理論吻合。馬上和同事分享，大家都感到非常雀躍。之後我對「追雲」更加着迷，利用研究風切變的經驗去嘗試預測這些特殊雲種的出現。當預計到假日會出現有利的天氣情況（例如吹東風或南風而且濕度略高）我便會拿着相機去大嶼山走一趟，希望可以捕捉到這些變幻莫測的

1 參考《香港經濟日報》2005 年 4 月 7 日副刊版專題「迷雲男人」。
2 Neil Gordon 博士其後於 1999-2006 年出任世界氣象組織「航空氣象學委員會」主席，也是我的前任。

奇雲，果然偶有「斬獲」！於是我領悟到，只要我們懂得在甚麼時間、在甚麼地方尋找，「莢狀雲」、「波狀雲」和「山帽雲」原來可以是家常小菜，等着我們去品嚐！

1998 年我搬到美麗華大廈的辦公室工作，辦公室有兩扇面向維港的落地大玻璃窗，而我在半山的家亦有面向中環的窗戶。當時數碼相機也逐漸普及，常常機不離身，空閒時便會遠眺窗外的天空，看看會否捕捉到這些奇雲。皇天不負有心人，在 2004 至 2006 年先後三次在辦公室和家中捕獲罕見的「貓眼雲」、「飛碟雲」和捲筒蛋糕形狀的「莢狀雲」。「莢狀雲」照片更被香港郵政於 2014 年選為其中一張「天氣現象」特別郵票。原來只要懂得尋找，耐心等待，足不出戶都可以觀天賞雲，甚至有意想不到的收穫！我也在 2004 至 2005 年數次接受傳媒訪問關於觀雲的樂趣，更被稱為「迷雲男人」[1]！

之後我晉升到天文台管理層，無奈需要遷離美麗華的辦公室，但我對追雲觀天的熱情一點也沒有減退。我留意到智能手機日益普及，可以是一個很好的契機來推動社區觀天賞雲，用手機拍照然後分享。於是我向同事譚廣雄提議，建基於「社區天氣資訊網絡」（Co-WIN）[3] 的基礎，由他牽頭，在 2011 年成立了一個「社區天氣觀測計劃」（CWOS），並在 Facebook 設立群組，目標是鼓勵社群參與及學習天氣觀測，培養「觀天達人」分享有質素和可信的天氣照片，期望透過這個計劃，市民可以增加了解各種天氣現象，一來懂得尋找和辨析自己所看見的現象，二來可以分辨網上信息的真偽[4]，三來更加可以協助天文台全方位監測變幻莫測的天氣。譚廣雄也不遺餘力，與眾多攝影達人聯繫，分享如何利用氣象知識拍攝特殊天氣現象，並且舉辦多場公眾講座推廣雲和大氣光學現象的觀測及攝影，如何將科學結合藝術，把最奇特的天氣現象用最美麗的方式呈現出來。

---

3 「社區天氣資訊網絡」（Co-WIN）於 2007 年由香港天文台及香港理工大學應用物理學系共同成立，以推動氣象教育。其後中文大學未來城市研究所亦加入合作。「社區天氣資訊網絡」旨在鼓勵及協助學校和社區團體自行建立、管理和維護低成本的自動氣象站，並透過網絡平台發放各觀測站收集的氣象資料，與全港市民分享，從而提升他們對天氣與氣候的認識和興趣。

4 例如，在 2014 年 3 月 30 日晚上發生的暴雨及冰雹事件，有網民從雪櫃取出巨型冰塊當作冰雹在網上瘋傳，需要天文台澄清。

近年市民和傳媒對觀天賞雲的興趣有增無減，夕陽雲彩、「琉璃雲」、虹彩雲、雨幡洞、「飛碟雲」等等都吸引很多市民用手機拍下和在網上分享。CWOS 群組的成員也不斷增加，他們每天把數以百計的天氣照片上傳到 Facebook 群組，幾乎可以涵蓋世上所有的雲和大氣光學現象，甚至「國際雲圖」最新增加的雲種。這些照片除了被傳媒和天文台多次採用外，其中最精彩的照片更於 2018 年在香港國際機場客運大樓展出，並被世界氣象組織挑選成為新版「國際雲圖」的內容，香港貢獻的照片竟然佔了 10% 之多！有見及此，我找了剛退休的譚廣雄和香港氣象學會副會長林學賢商量，是否可以將 CWOS 那麼多的精彩作品出版成書，讓更多市民了解天氣現象和培養觀天賞雲的興趣呢？而且一眾的 CWOS 達人也能和大家分享更多拍攝心得。譚廣雄也誠邀得到兩位 CWOS 的中流砥柱何碧霞和錢正榮仗義幫忙揀選 CWOS 的代表作品、執筆和編輯，林學賢也不辭勞苦聯絡數十位 CWOS 成員徵得他們的同意將照片供出版之用。剛好「天地圖書」今年也有計劃推廣科普書籍，結果一拍即合，合作出版，這也是香港氣象學會首次出版科普書籍，小試牛刀。眾志成城，在此我衷心感謝各位為這本書出力的朋友，並期望大家分享更多精彩的天氣照片和縮時影片，讓香港美麗的天空向全世界展現！

岑智明

前香港天文台台長／前香港氣象學會會長

2020 年仲夏

序言二

退休後不久，無心插柳的忽然多了一個頭銜——香港氣象學會發言人，自此便和學會結下了不解之緣。《觀雲識天賞光影》，姑且簡稱為《雲書》，由氣象學會牽頭，並連同幾位有份量的朋友所編撰的香港第一本大氣現象的書籍。為它寫序，自然是義不容辭的事。

小時候，我的家在荃灣半山的荒野，沒有左鄰右里，經常一個人獨自留在家中；陪伴着我的，除了小狗「超群」之外，夏天時有蟲鳴雀叫，冬天時是蕭蕭北風，當然還有常來作客的白雲。多少個下午，我會坐在家門前的一個小平台上，出神地看着那些天空中的表演者，輕攏慢湧的從東山飄到西嶺；有時候，我又會對它背後的蒼穹產生興趣，甚至幾乎肯定那是神仙遊息之處，説不定神仙們也是在賞雲，只是看的角度和我的不同而已。想着看着，不知不覺的又是日落時分；日落看多了，得出的結論是有雲的黃昏總是特別美麗，大概我是從那時候愛上了雲吧。

小時愛雲，是愛它的動感和縹緲變幻，又或是它的氣勢和美態。到了高中，讀了一點物理，賞雲時會多一些思考相關科學，對雲的興趣更濃，亦更加享受賞雲的樂趣。真的體會到愈高層次的享受，愈是需要學習這哲理。

這時候，我掌握了一些簡單的概念，知道不同雲種的形成，是需要某些獨特的物理因素，再配合着不同時間的日月光影，機緣巧合之下，才編織出千姿百態、獨一無二的大自然舞台佈景。真奇妙，表面看起來似是偶然的事，其實又有它的必然性。因此，我有時在想：烏黑的積雨雲大概不會羨慕像天使頭髮般的卷雲，正如魚鱗般的高積雲不會幻想變成如萬馬奔騰的雷暴雲一樣。反正，當大氣的條件適合時，它們都有可能蛻變；正如在颱風之巔，參天的雲帶在高空急流的脅迫之下，會幻化成縷縷輕絲，展現在颱風範圍數百公里之外，警告人們暴風雨之將至。

人亦何嘗不是？人生的際遇，很多時都是由一、兩個巧合，三幾個偶然所決定。種種機緣，令雲雖有低、中、高之分，但卻阻止不了它們各自精彩，這也許是我那時從賞雲中悟出的一個道理。

工作了大半生，也許是時候慢下來了。其實，我也深明沒有適量的閒暇，便會和人生最美好的事物隔絕這道理，只是一直找不到藉口，給自己多點個人空間。今次先睹《雲書》，猛然想起觀雲賞天是最佳的理由，讓我拋開世間煩瑣，尋找內心的寧靜。

今年的世界特別紛亂，在新冠疫症的初期，滿以為各國領袖會為了天下蒼生的福祉，攜手抗疫，可惜事與願違。由此推論，可以預期各國在應對殺傷力更大、時間尺度更長的氣候危機上，只會糾纏於自身的短視利益，不會通力合作，從根本解決問題。所以，現時我們所面對的折騰，肯定會在不同地域時空，以不同的形式延續下去。在這個灰暗的時刻，我們真的要學懂克服壓力，防止被壓力擊垮，而觀雲賞天可能起到正面作用。

《觀雲識天賞光影》是多位香港同好的心血結晶。它集合了豐富而難得一見的雲和大氣光學圖像，再配以簡明的科學解說，簡直是觀天的入門天書，亦是探索大氣的和諧、進階深度賞雲，甚或藉此達至靜修養生之道的參考好書。我肯定會第一時間收藏，你呢？

梁榮武

前香港天文台助理台長

2020 年仲夏

1

雲的分類概覽

Overview of Cloud Classification

1.1 簡介 Introduction

雲是怎樣形成的？

雲是由空氣中非常微小的水滴、冰晶或兩者的混合物聚集而成，並懸浮在空氣中。雲主要是空氣受熱上升或被迫抬升，在上升的過程，空氣中的水汽冷卻凝結而成的。空氣的向上輸送可由以下四種情況產生：

對流：近地面或水面的空氣受熱，形成上升氣流；

地形抬升：當空氣吹過山岳時，氣團被地形強制抬升；

動力抬升：暖空氣遇上冷空氣時被抬升；

低層輻合：當低壓區形成時，氣流會由四周流向低氣壓中心，空氣便會匯聚和上升。

雲的分類

雲在不同環境及天氣狀況下形成，會不斷發展或消散，因而擁有千變萬化的形態，但我們可以根據雲的高度及外形等特徵，將雲分類為「三族」及「十屬」。「三族」是根據雲的高度來分成高、中、低三層，即「高雲族」、「中雲族」及「低雲族」；而「十屬」則主要以雲的外形及其所在高度而區分成十種「雲屬」（插圖 1.1），即：

高雲族：「卷雲」、「卷積雲」和「卷層雲」；

中雲族：「高積雲」、「高層雲」和「雨層雲」；

低雲族：「層雲」、「層積雲」、「積雲」和「積雨雲」。其中積雲和積雨雲因可伸展至中層甚至高層，所以又稱「直展雲」。

另外，利用雲的外形特徵和內部結構，以及雲塊的不同排序和透光度，雲屬更可細分為不同的「雲種」及「雲類」。不同的雲屬有時亦會伴隨着不同的

「附加特徵」及「附屬雲」，或由於自然因素或人類活動而形成「特種雲」。本章中雲的分類主要根據世界氣象組織 2017 年《國際雲圖》網頁版作簡單介紹，詳情請看參考（1）。

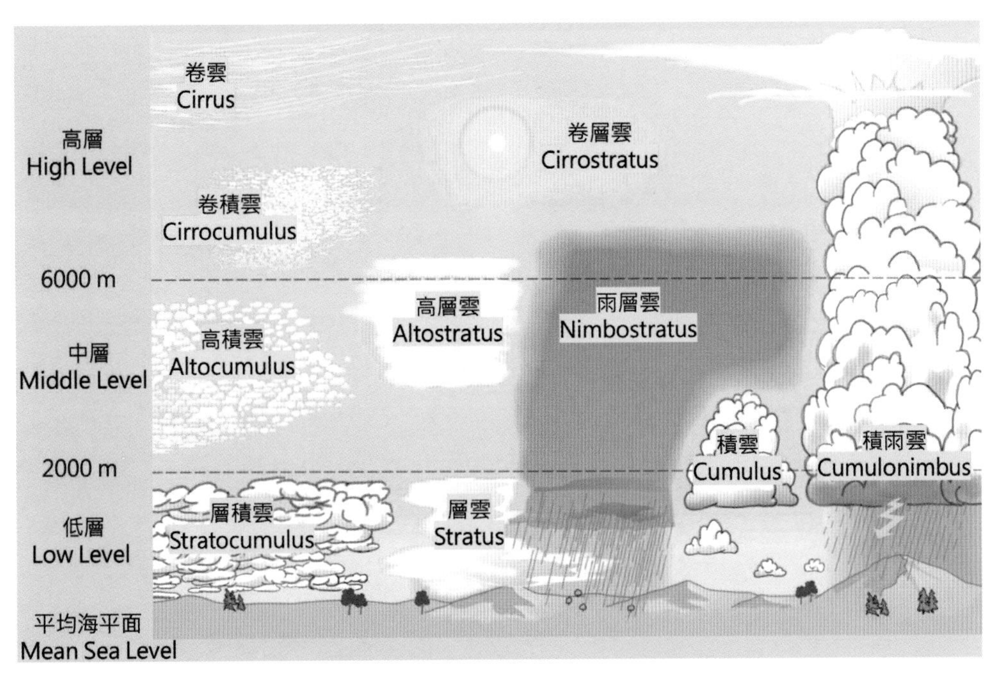

插圖 1.1　十屬雲的雲高示意圖（圖中高中低層不同雲族的高度分界是對應於熱帶地區。雲出現的高度，在熱帶地區一般較高，越接近兩極地區則越低，極地及溫帶地區的中高層雲族的高度分界會較熱帶地區低，詳情見表 1.8.2。）

1.2 雲屬 Genera

通過雲所在的高度及其外形等特徵，可將雲區分成3個「雲族」，10種「雲屬」，每一種雲只能屬於一個雲屬。

高雲族（High Clouds）：高雲族是位於大氣層對流層內最高的雲，在熱帶地區，它們通常處於離地約6,000米至18,000米（其他地區請參考表1.8.2）。高雲主要由冰晶組成，它們大都清澈透光，而其透明度取決於雲的密度和厚度。

	卷雲 Cirrus（Ci）	卷積雲 Cirrocumulus（Cc）	卷層雲 Cirrostratus（Cs）
高雲 High Clouds			
	帶有白色細絲的獨立雲體，或以白色為主的塊狀或窄帶出現，具有纖維狀（毛髮狀）或柔滑有光澤的外觀。	薄的細小白色碎塊、薄片或不帶陰影的雲層，由顆粒狀、波紋狀等非常小的元素組成，大多數的視覺寬度小於1度*。	透明且幼滑的白色面紗狀層雲，部份或全面覆蓋天空，一般能產生「暈現象」（詳情請參考第二章）。

* 註：以手臂直展時作標尺，約1厘米闊度的尾指相等於1度的視覺寬度。

中雲族（Medium Clouds）：在熱帶地區，中雲族的雲位處於約 2,000 米至 8,000 米的高度之間（其他地區請參考表 1.8.2）。處於較低位置的中雲主要由水滴組成，而處於較高位置的則是由超冷卻水滴夾雜冰晶所組成。

	高積雲 Altocumulus（Ac）	高層雲 Altostratus（As）	雨層雲 Nimbostratus（Ns）
中雲 Medium Clouds			
	呈白色或灰色、或兩色並存的雲塊或雲層，通常帶有陰影，由薄層（一層或多層）、圓塊或卷狀所組成，大部份排列整齊的小雲塊的視覺寬度均在 1 度至 5 度 * 之間。	呈灰色或灰藍色的層雲，外觀均勻，覆蓋部份或整個天空，部分薄層如磨砂玻璃般可顯示太陽的輪廓。高層雲不會出現「暈現象」。	灰暗的雲層，經常帶來持續降雨或降雪，使雲底顯得參差不齊。因雲層較厚，足以遮蔽太陽。

* 註：以手臂直展時作標尺，約 1 厘米闊度的尾指相等於 1 度的視覺寬度。

低雲族（Low Clouds）：低雲族是三種雲族中出現位置最接近地面的雲，雲底高度在地面至 2,000 米之間。

低雲 Low Clouds	層雲 Stratus（St）	層積雲 Stratocumulus（Sc）
	接近地面且無特徵的層狀雲，一般呈灰色，雲底大致均勻，可帶來毛毛雨，雪或雪粒。除了在極低溫度的環境下，層雲不會出現「暈現象」。	一般以灰色或白色的塊狀或層狀形態出現，雲塊經常帶陰暗部分，大部分排列整齊的雲塊其視覺寬度大於 5 度 *。
	積雲 Cumulus（Cu）	**積雨雲 Cumulonimbus（Cb）**
	常在晴天出現，雲體獨立，有濃密及清晰的輪廓，貌似一團蓬鬆的棉花，它垂直發展時像塔樓而頂部會隆起像椰菜花。受陽光照射的部分大多呈光亮白色，底部相對較暗和平坦。	厚重而濃密的雲，有相當大的垂直範圍，像一座大山或巨塔。其上部至少有部分是光滑的，或成纖維狀的或條紋狀的，這部分通常是平坦的且向外伸展成鐵砧狀。積雨雲的雲底通常非常暗黑，伴有參差不齊的破碎雲。積雨雲很多時會帶來閃電及雷雨。

* 註：以手臂直展時作標尺，約 1 厘米闊度的尾指相等於 1 度的視覺寬度。

1.3 雲種 Species

由於雲的外形特徵和內部結構的差異，大多數雲屬可再細分為 15 種不同「雲種」。屬於某一雲屬的雲只可以有一個雲種名稱，但同一雲種可以出現在多個雲屬。

毛狀雲 Fibratus	鈎狀雲 Uncinus	密狀雲 Spissatus
像分離或薄面紗般的雲，由近乎筆直或不規則地彎曲的細絲組成，末端不會像鈎子，也不會收結成束狀。 出現雲屬：Ci，Cs	雲體純白看似逗號形狀的卷雲，末端沒有圓形凸起而是彎曲如鈎子。 出現雲屬：Ci	結構密集且有足夠厚度的卷雲，而當朝向太陽看它時會呈現灰色，可遮掩太陽的輪廓甚至把太陽隱藏起來。它通常是源自積雨雲的上部。 出現雲屬：Ci
堡狀雲 Castellanus	**絮狀雲 Floccus**	**層狀雲 Stratiformis**
雲的上部至少有部份呈椰菜花般的塔狀突起物，部份突起物的高度大於其闊度，它們擁有共同的底部並看似並排連結。從側面看時城堡狀的特徵特別明顯。 出現雲屬：Ci，Cc，Ac，Sc	呈蓬鬆，破損的簇絨狀。雲塊分離成一個個小單元的積狀雲堆，下半部經常伴隨着「雨幡」。 出現雲屬：Ci，Cc，Ac，Sc	呈層狀而且向水平方向廣闊延展。 出現雲屬：Cc，Ac，Sc

備註：例子 - Ci ：雲屬簡寫下面有橫線，代表該照片屬於這個雲屬。

薄幕狀雲 Nebulosus	莢狀雲 Lenticularis	捲軸雲 Volutus

猶如一層面紗，沒有明顯的細節。 出現雲屬：Cs，St	外形像凸透鏡或杏仁，通常細而長並有清晰的輪廓，偶爾會有「虹彩」出現。最常出現在有山的地形中。 出現雲屬：Cc，Ac，Sc	呈管狀水平躺着的長雲體，通常位於低層，孤立地不與其他雲體連接，像圍繞着一個水平軸心慢慢旋轉。 出現雲屬：Sc，Ac（罕見）
碎狀雲 Fractus	淡積雲 Humilis	中積雲 Mediocris

雲塊呈破碎狀，形狀如不規則的碎屑。 出現雲屬：St，Cu	只有輕微垂直發展的積雲，看起來很扁平。 出現雲屬：Cu	有中等垂直發展的積雲，其頂部微微凸起，狀似植物發芽的形態。 出現雲屬：Cu
濃積雲 Congestus	禿狀雲 Calvus	鬃狀雲 Capillatus

形容巨大高聳垂直發展的積雲，其明顯凸出的頂部如椰菜花。 出現雲屬：Cu	形容由濃積雲演變而成的積雨雲，積雲輪廓開始消失，其頂部平滑的白色雲體，有或多或少的垂直條紋，但還沒有卷狀雲在其頂部形成。 出現雲屬：Cb	形容積雨雲頂部有明顯纖維狀的卷狀雲，看似鐵砧，以凌亂的毛髮狀態出現。此種雲常伴有驟雨或雷雨，經常有狂風，間中有冰雹。 出現雲屬：Cb

備註：例子 - Cu 雲屬簡寫下面有橫線，代表該照片屬於這個雲屬。

1.4 雲類 Varieties

「雲類」共有 9 種，是用來描述雲塊的不同排序及透光度的。同一雲類可以出現在多個雲屬。一種雲亦可同時擁有多於一種雲類特徵（「透光雲」與「蔽光雲」除外，因兩者是互相排斥的），而這些雲類特徵都可包含在這種雲的名字內，如「波狀透光高層雲」（Altostratus translucidus undulatus）。

亂狀雲 Intortus	脊狀雲 Vertebratus	波狀雲 Undulatus
雲絲非常不規則地彎曲，互相交錯，雜亂無章，甚至纏結在一起。	雲的元素排列如脊椎骨、肋骨或魚骨。	雲體看起來像在天空中輕輕滾動的波浪。雲塊的元素無論合併與否，整體都平行排列成波浪的形態。波狀雲也會出現在相對均勻的雲層中。
出現雲屬：Ci	出現雲屬：Ci	出現雲屬：Cc，Cs，Ac，As，Sc，St

備註：例子 - Ac ：雲屬簡寫下面有橫線，代表該照片屬於這個雲屬。

輻輳狀雲（輻狀雲）Radiatus	網狀雲 Lacunosus	複狀雲 Duplicatus
長長的雲體成平行條狀分佈，由於透視的影響，這些雲帶看起來像匯聚於地平線上的一個點。 出現雲屬： Ci，Ac，As，Sc，Cu	雲塊、雲片或雲層（通常相當薄）顯現出或多或少有規則分佈的圓洞，並排列成網狀或蜂巢般的樣子。 出現雲屬： Cc，Ac，Sc（甚少出現）	雲塊、雲片或雲層在稍為不同的高度上重疊，有時部分會合併。 出現雲屬： Ci，Cs，Ac，As，Sc

備註：例子 - Ac ：雲屬簡寫下面有橫線，代表該照片屬於這個雲屬。

透光雲 Translucidus	漏隙雲 Perlucidus	蔽光雲 Opacus
廣闊的雲塊、雲片或雲層，其中大部份能讓足夠的光線穿透，因而可顯現太陽或月亮的位置。 出現雲屬： Ac，As，Sc，St	廣闊的雲塊、雲片或雲層，其雲與雲之間有明顯的空隙（有時可以十分細小），能讓觀察者看到太陽、月亮、藍天或較高的雲層。 出現雲屬：Ac，Sc	廣闊的雲塊、雲片或雲層，其中大部份有足夠的蔽光性，能完全把太陽或月亮遮蔽。 出現雲屬：Ac，As，Sc，St

備註：例子 - Ac ：雲屬簡寫下面有橫線，代表該照片屬於這個雲屬。

1.5 附加特徵 Supplementary Features

雲有時會有其他「附加特徵」，這些特徵可附着在主體上或部份與之融合。附加特徵共有 11 種。

砧狀雲 Incus	乳狀雲（乳房狀雲） Mamma	幡狀雲 Virga
位於積雨雲頂部向四周伸展出來的部份，形狀扁平像打鐵用的鐵砧，外觀光滑、呈纖維狀或條紋狀。	倒吊在雲底下凸出的雲體，如囊狀或乳房狀，大小不一。	附着在雲底的垂直或傾斜的雲絲（雨幡）。因降水在未到達地面前便已蒸發掉，所以地面上不會感覺到降水。
出現雲屬：Cb	出現雲屬：Ci，Cc，Ac，As，Sc，Cb	出現雲屬：Cc，Ac，As，Ns，Sc，Cu，Cb

降水狀雲 Praecipitatio	弧狀雲 Arcus	管狀雲 Tuba
降水狀雲是指雲帶有雨、雪、冰粒、冰雹等，從雲層中落下並到達地面。	偶爾出現在積雨雲或濃積雲前下方的一種濃密，外表灰白色並呈水平卷軸狀的附加特徵。雲的邊緣是破破爛爛的，若在水平方向廣闊延展時，底部暗黑，就好像承托着暴風雨的弧狀棚架一樣，令人震懾。	指由雲底延伸出來的雲柱或倒轉的雲錐，陰暗的雲底及像漏斗的雲錐顯示有一強旋渦。
出現雲屬：As，Ns，Sc，St，Cu，Cb	出現雲屬：Cb，Cu（較少出現）	出現雲屬：Cb，Cu（較少出現）

備註：例子 - Cb ：雲屬簡寫下面有橫線，代表該照片屬於這個雲屬。

糙面雲 Asperitas

雲底呈波浪狀，垂直方向高低起伏清晰，有時更有凸出尖點，從地面往上看就像波濤洶湧的海面。與波狀雲相比，它較為混沌及粗糙，水平方向紋路缺乏組織。不同的光照度和雲層厚度會產生震撼性的視覺效果。

出現雲屬：Sc，Ac

浪形雲 Fluctus

外觀如翻起的巨浪，通常在雲的頂部表面以捲曲或破碎波浪形式短暫出現。

出現雲屬：
Ci，Ac，Sc，St，Cu（間中出現）

雲洞（雨幡洞） Cavum

在薄的層狀雲中出現的大致圓形（在遠處看會像橢圓形）的洞，雲洞底下往往會形成幡狀的雲絲（雨幡），洞一般會隨着時間而增大。雲洞有時會呈線狀。

出現雲屬：
Ac，Cc，Sc（較罕見）

牆壁雲 Murus

牆壁雲是局部且持續，並通常是由積雨雲底部突然下降而形成的雲。它常伴隨着由積雨雲結合而成的超級單體風暴，一般在積雨雲中強上升氣流的無雨區內發展。具有顯著旋轉和垂直運動的牆壁雲可形成管狀雲（請參考第 29 頁超級單體風暴全圖）。

出現雲屬：Cb

尾狀雲 Cauda

尾狀雲是向水平方向伸延，狀似尾巴（不是漏斗）的雲，它延伸自超級單體積雨雲低層的主要降水區至牆壁雲。它通常附於牆壁雲，而兩者的雲底通常在同一高度。（請參考第 29 頁超級單體風暴全圖）

出現雲屬：Cb

備註：例子 - Cb ：雲屬簡寫下面有橫線，代表該照片屬於這個雲屬。

由積雨雲形成的超級單體風暴（Supercell Storm）：Steve Willington 2015/05/16 16:50 在美國奧克拉荷馬州（Oklahoma, USA）拍攝

a1 - 牆壁雲（Murus）（近照第 28 頁）

b1 - 管狀雲（Tuba）（在牆壁雲下出現的一個巨型龍捲風）

c3 - 尾狀雲（Cauda）（近照第 28 頁）

d2 - 流狀雲（Flumen）（近照第 30 頁）

Steve Willington: This particular image, of the whole meso-cyclone, was as much luck as judgement. Lucky as the storm was producing golf ball to tennis ball-sized hail, hence the five images used for stitching the image were done without a tripod during a lull in the hail. I jumped out of the car to take some quick shots. It's unusual to get such a good view of the complete storm without telegraph poles in it, they are commonplace in that part of the USA. Much of the hail ended up in the fields, they bounced off the road and into the field in front. The only bit of a good size on the road is on the left-hand side of the image, the white splodge if you zoom into the image.

拍得這張中尺度氣旋全景照片需要靠判斷和運氣。說起來也非常幸運，風暴伴有高爾夫球甚至網球般大的冰雹，用來接駁全景照片的五張照片是在冰雹稍歇時我跳下車快速拍攝得來的，期間沒有使用三腳架。在美國這地方要拍攝到整個風暴而沒有被電線桿阻礙並不容易。大部分的冰雹都落到田野上，或落在路上再彈到田裏去。如果把照片放大，在路旁左方見到的一堆白色的東西，就是較大的冰雹。

1.6 附屬雲 Accessory Clouds

雲有時會伴隨着「附屬雲」，這些附屬雲一般都是較細小的，它們可與主體分離或部份合併。附屬雲共有 4 種。

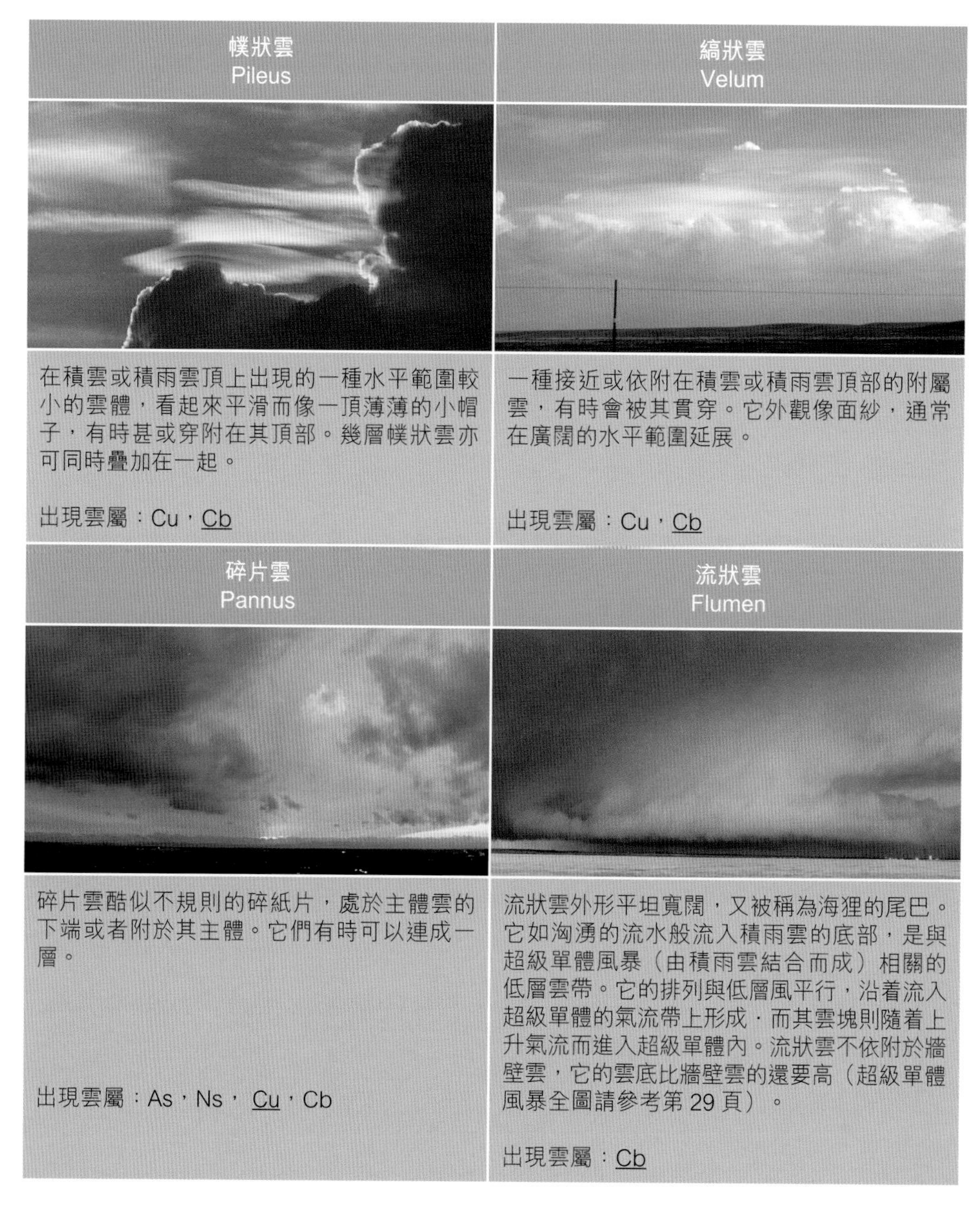

幞狀雲 Pileus	縞狀雲 Velum
在積雲或積雨雲頂上出現的一種水平範圍較小的雲體，看起來平滑而像一頂薄薄的小帽子，有時甚或穿附在其頂部。幾層幞狀雲亦可同時疊加在一起。 出現雲屬：Cu，Cb	一種接近或依附在積雲或積雨雲頂部的附屬雲，有時會被其貫穿。它外觀像面紗，通常在廣闊的水平範圍延展。 出現雲屬：Cu，Cb
碎片雲 Pannus	**流狀雲 Flumen**
碎片雲酷似不規則的碎紙片，處於主體雲的下端或者附於其主體。它們有時可以連成一層。 出現雲屬：As，Ns，Cu，Cb	流狀雲外形平坦寬闊，又被稱為海狸的尾巴。它如洶湧的流水般流入積雨雲的底部，是與超級單體風暴（由積雨雲結合而成）相關的低層雲帶。它的排列與低層風平行，沿着流入超級單體的氣流帶上形成，而其雲塊則隨着上升氣流而進入超級單體內。流狀雲不依附於牆壁雲，它的雲底比牆壁雲的還要高（超級單體風暴全圖請參考第 29 頁）。 出現雲屬：Cb

備註：例子 - Cu ：雲屬簡寫下面有橫線，代表該照片屬於這個雲屬。

1.7 特種雲 Special Clouds

「特種雲」共有 6 種，它們大多是由局部的自然因素或人類活動而形成或發展的。

火成雲（火成性雲） Flammagenitus	人造雲 Homogenitus	凝結尾跡（凝結尾） Contrails
火成雲是指由森林大火、山火或火山爆發活動產生的熱力引發對流而形成的積雲和積雨雲。	由人類活動而產生的的雲，如工業生產過程中產生的排放或來自飛機的凝結尾跡。	是指當飛機經過濕冷的空氣時所產生的尾跡。當凝結尾跡在空中持續至少 10 分鐘仍未消散時，我們會把它叫做人造卷雲（cirrus homogenitus）。
出現雲屬：Cb，Cu	出現雲屬：Ci，Cu，St	出現雲屬：Ci

凝結尾跡變形雲（人為轉化雲） Homomutatus	瀑成雲（瀑布雲） Cataractagenitus	森成雲（森林雲） Silvagenitus
形容持續在空中的凝結尾跡，因受到大氣高層的強風影響，經過一段時間的擴展及內部轉化後，最終變成較自然的不同形態的卷狀雲。	由大型瀑布的衝力使水霧化後所產生的雲。	由森林的樹木蒸發出來的水汽凝結而成的雲。它通常比較接近地面，在密林上方以無特徵的雲霧狀態出現。
出現雲屬：Ci，Cc，Cs	出現雲屬：Cu，St	出現雲屬：St

備註：例子 - Ci：雲屬簡寫下面有橫線，代表該照片屬於這個雲屬。

1.8 雲的命名及分類總結 Naming of Clouds and Classification Summary

雲的命名

雲的英文名稱主要是沿用以「拉丁名詞」(Latin Terms) 組合的命名方法，而十屬雲的名稱則來自以下的五個拉丁名詞的不同組合：

Cirro — 是卷曲的意思，但它主要泛指高雲族，不一定指卷雲，中譯簡稱「卷」。

Alto — 是高的意思，但它不代表空中最高的雲，主要用來描述中雲族，中譯簡稱「高」。

Strato — 是層狀的意思，中譯簡稱「層」。

Cumulo — 是一堆或堆積的意思，中譯簡稱「積」。

Nimbo — 是雨的意思，是指會降雨的雲，中譯簡稱「雨」。

利用這五個拉丁名詞的意思及不同的組合，就可以得出十屬雲的英文名稱。同理，我們亦可利用「卷高層積雨」這五個中文字，組合出能表達十屬雲形狀和特性的中文名稱，方便記憶，如：

高雲族的卷雲（Cirrus），卷積雲（Cirrocumulus），
卷層雲（Cirrostratus）；

中雲族的高積雲（Altocumulus），高層雲（Altostratus），
雨層雲（Nimbostratus）；

低雲族的層雲（Stratus），層積雲（Stratocumulus），
積雲（Cumulus），積雨雲（Cumulonimbus）。

在進行雲的命名時，可簡單的描述它是屬於那種雲屬即可。若要進一步把

某一雲屬細分為不同的雲種及雲類，或描述相關的「附加特徵」，「附屬雲」或「特種雲」時，中文的描述順序如下：

特種雲 > 附屬雲 > 附加特徵 > 雲類 > 雲種 > 雲屬

若欠缺某雲種，雲類，附加特徵，附屬雲或特種雲，在雲的名稱中就不需要提了。由於中英文翻譯的次序剛好是相反的，所以英文的描述順序是

genera>species>varieties>supplementary features>accessory clouds>special clouds

例 1：此雲的名稱可以叫做：
波狀漏隙透光層狀高積雲
（Altocumulus stratiformis translucidus perlucidus undulatus）

例 2：此雲的名稱可以叫做：
火成性幞狀濃積雲
（Cumulus congestus pileus flammagenitus）

表 1.8.1　雲的分類總結

熱帶地區	雲屬	雲種	雲類	附加特徵	附屬雲
（高雲族） 高層 6—18 公里	卷雲	毛狀雲	亂狀雲	乳狀雲	無
		鈎狀雲	輻輳狀雲	浪形雲	
		密狀雲	脊狀雲		
		堡狀雲	複狀雲		
		絮狀雲			
	卷積雲	層狀雲	波狀雲	幡狀雲	無
		莢狀雲	網狀雲	乳狀雲	
		堡狀雲		雲洞	
		絮狀雲			
	卷層雲	毛狀雲	複狀雲	無	無
		薄幕狀雲	波狀雲		
（中雲族） 中層 2—8 公里	高積雲	層狀雲	透光雲	幡狀雲	無
		莢狀雲	漏隙雲	乳狀雲	
		堡狀雲	蔽光雲	雲洞	
		絮狀雲	複狀雲	浪形雲	
		捲軸雲	波狀雲	糙面雲	
			輻輳狀雲		
			網狀雲		
	高層雲（可伸展至高層）	無	透光雲	幡狀雲	碎片雲
			蔽光雲	降水狀雲	
			複狀雲	乳狀雲	
			波狀雲		
			輻輳狀雲		
	雨層雲（可伸展至低層及高層）	無	無	幡狀雲	碎片雲
				降水狀雲	

熱帶地區	雲屬	雲種	雲類	附加特徵	附屬雲
（低雲族） 低層 0—2 公里	層積雲	層狀雲	透光雲	幡狀雲	無
		莢狀雲	漏隙雲	乳狀雲	
		堡狀雲	蔽光雲	降水狀雲	
		絮狀雲	複狀雲	浪形雲	
		捲軸雲	波狀雲	糙面雲	
			輻輳狀雲	雲洞	
			網狀雲		
	層雲	薄幕狀雲	蔽光雲	降水狀雲	無
		碎狀雲	透光雲	浪形雲	
			波狀雲		
	積雲 （雲頂可伸展至中層及高層）	淡積雲	輻輳狀雲	幡狀雲	幞狀雲
		中積雲		降水狀雲	縞狀雲
		濃積雲		弧狀雲	碎片雲
		碎狀雲		浪形雲	
				管狀雲	
	積雨雲 （雲頂可伸展至中層及高層）	禿狀雲	無	幡狀雲	幞狀雲
		鬃狀雲		乳狀雲	縞狀雲
				降水狀雲	碎片雲
				砧狀雲	流狀雲
				弧狀雲	
				牆壁雲	
				尾狀雲	
				管狀雲	

表 1.8.2　不同地區高中低雲族所在的大約高度

層面	雲種	極地地區	溫帶地區	熱帶地區
高	卷雲 卷積雲 卷層雲	3—8 公里 （10000 — 25000 呎）	5—13 公里 （16500 — 45000 呎）	6—18 公里 （20000 — 60000 呎）
中	高積雲 高層雲 雨層雲	2—4 公里 （6500 — 13000 呎）	2—7 公里 （6500 — 23000 呎）	2—8 公里 （6500 — 25000 呎）
低	層雲 層積雲 積雲 積雨雲	從地球表面 到 2 公里 （0 — 6500 呎）	從地球表面 到 2 公里 （0 — 6500 呎）	從地球表面 到 2 公里 （0 — 6500 呎）

註：大多數雲都存在於它的層面內，但有以下幾個值得注意的例外情況：

1. 高層雲通常存在於中層，但它往往可延伸到高層；
2. 雨層雲絕大多數時間存在於中層，但它通常可上下延伸至另外兩個層面；
3. 積雲和積雨雲的雲底通常在低層，但它們的垂直範圍一般都很大，其頂部可達到中至高層，發展強勁的積雨雲最高更可以超越對流層進入平流層。

2

大氣光學現象概覽

Overview of Atmospheric Optical Phenomena

「大氣光學現象」（Atmospheric Optical Phenomena 或 Photometeors（國際雲圖的分類名稱））一般指來自太陽或月亮的光與大氣中的氣體分子、水滴、冰晶、塵或其他懸浮粒子等產生相互作用而出現的光學現象。

本書所介紹的大氣光學現象主要分為以下四類：

1. 光被懸浮在大氣中的冰晶「反射」（Reflection）或「折射」（Refraction）而形成的「暈現象」（Halo Phenomena），如「日暈」與「月暈」、「幻日」與「幻月」、「幻日環」與「幻月環」、「環天頂弧」、「環地平弧」及「光柱」等（插圖 2.1）
2. 光通過懸浮在大氣中的微細水滴或冰晶時，由於水滴或冰晶的大小與光波波長較接近，光的波動特性較為顯著，其所產生的「衍射」（Diffraction）形成特殊的光學現象，如「日華」與「月華」、「彩光環」及「虹彩現象」等（插圖 2.2）
3. 光被空氣中的水滴折射及反射而形成的各種彩虹，如「虹」與「霓」、「紅色彩虹」、「雙生彩虹」、「霧虹」、「反射虹」及「被反射虹」等（插圖 2.3）
4. 光被雲或高山所遮擋，從其邊緣或縫隙間射出，形成不同光暗且岔開的光線，並由於透視（Perspective）的影響而出現的光學現象，如「雲隙光」、「反雲隙光」、「曙暮暉」、「反曙暮暉」及「雲影」等（插圖 2.4.1, 2.4.2）

由於篇幅所限，本書只介紹較常見的光學現象，並未把全部的大氣光學現象包括在內，較詳細的資料可查閱本書第 228 頁的參考（1）及（5）。另外，本書將原屬於「大氣電學現象」（Electrometeors - 國際雲圖的分類）中的「閃電」及「極光」現象也包括在其他光學現象中，不另分章節。

表 2.1 是本書所涉及的大氣光學現象的總結，方便讀者查閱。

插圖 2.1　光被懸浮在大氣中的冰晶反射或折射而形成的暈現象

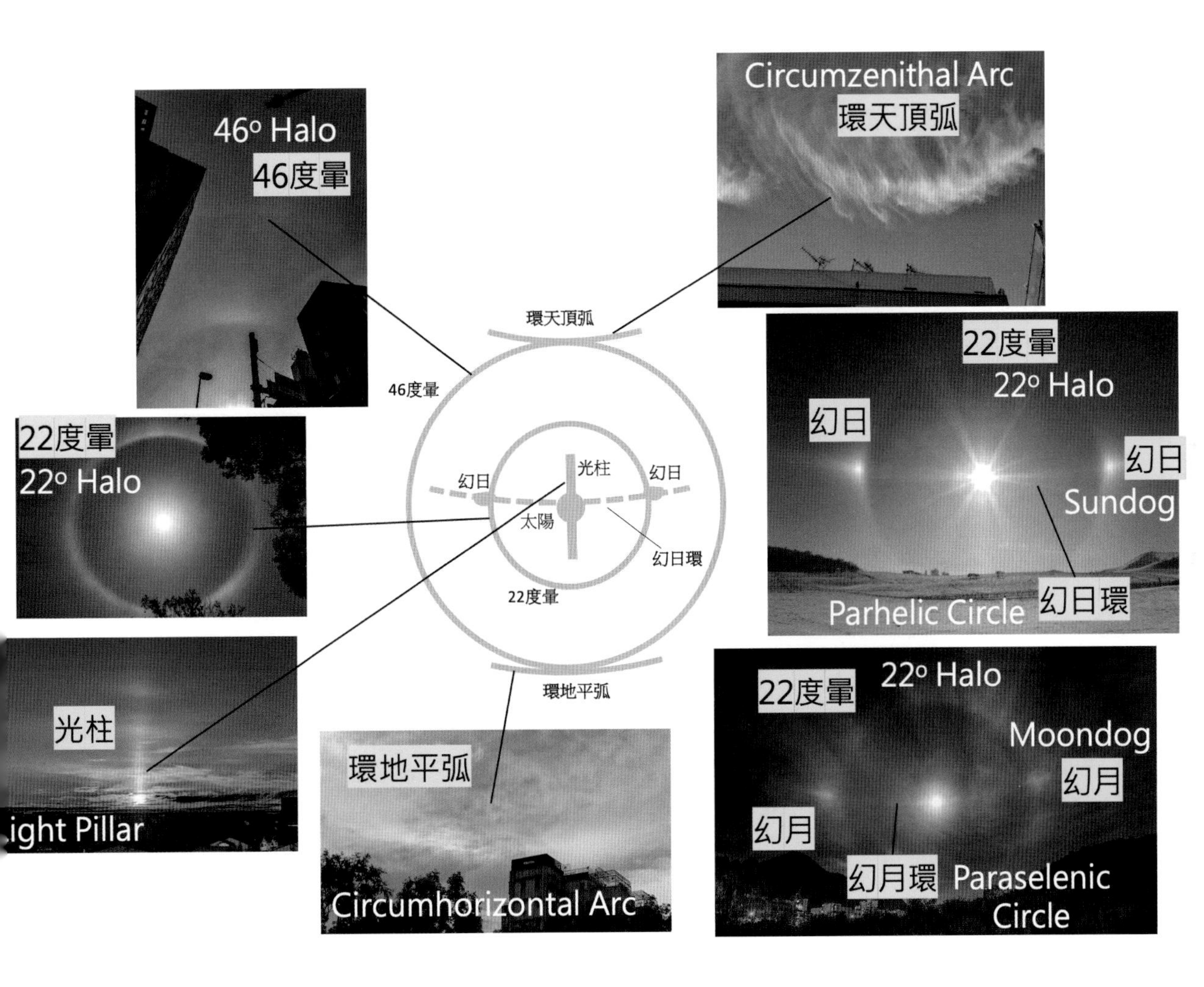

插圖 2.2　光通過懸浮在大氣中的微細水滴或冰晶所產生的衍射而形成的特殊光學現象

日華
Solar
Corona

彩光環
Glory

月華
Lunar
Corona

彩光環
Glory

虹彩現象
Iridescence

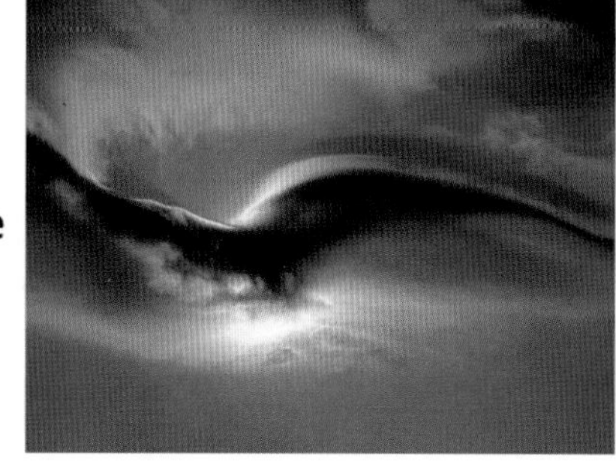

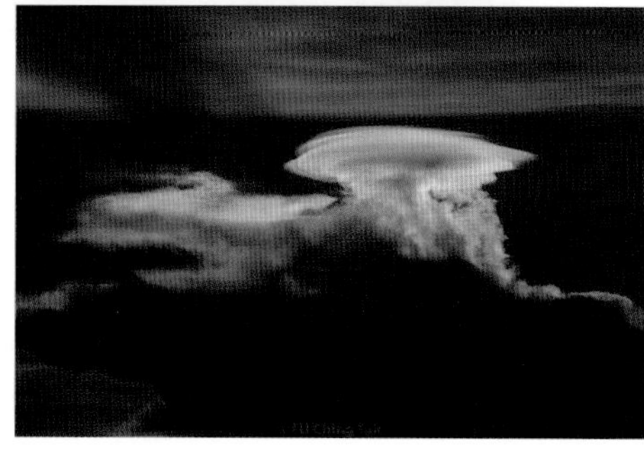

虹彩現象
Iridescence

插圖 2.3　光被空氣中的水滴折射及反射而形成的各種彩虹

彩虹
Rainbow

虹與霓
Primary and Secondary Rainbows

紅色彩虹
Red Rainbow

霧虹
Fogbow

生彩虹
winned
ainbows

反射虹及被反射虹
Reflection and Reflected Rainbows

插圖 2.4.1　光被雲或高山遮擋而形成不同光暗且岔開的光線所產生的光學現象

雲隙光
Crepuscular rays

曙暮暉
Crepuscular rays

雲隙光
Crepuscular rays

反曙暮暉
Anti-crepuscular rays

反雲隙光
Anti-crepuscular rays

插圖 2.4.2　光被雲或高山遮擋而形成不同光暗且岔開的光線所產生的光學現象

曙暮暉與反曙暮暉
Crepuscular rays and Anti-crepuscular rays

雲影
Cloud shadow

雲影
Cloud shadow

曙暮暉與反曙暮暉
Crepuscular rays and Anti-crepuscular rays

表 2.1 本書所涉及的大氣光學現象的總結

現象名稱	相對於光源的位置	形狀及顏色 *	物質	觀察要點 #
光被懸浮在大氣中的冰晶反射或折射而形成的暈現象				
22 度日暈 / 小暈（22° Solar Halo）	以太陽為圓心，角半徑 22 度。	內紅偶爾外紫的白色光環（一圈）	雲中冰晶	天空多卷狀雲出現，特別是卷層雲出現時較易看到完整的暈。
46 度日暈 / 大暈（46° Solar Halo）	以太陽為圓心，角半徑 46 度。	內紅的白色光環（一圈）；較 22 度暈暗。	雲中冰晶	天空多卷狀雲出現，特別是卷層雲出現時較易看到完整的暈。
月暈（Lunar Halo）	以月亮為圓心，角半徑 22 度。	內紅偶爾外紫的白色光環（一圈）	雲中冰晶	- 天空多卷狀雲出現，特別是卷層雲出現時較易看到完整的暈。 - 通常在滿月時較易觀察得到。
幻日（Sundog）	在太陽左右兩側水平位置	內紅外藍的彩斑	雲中冰晶	天空多卷狀雲出現，特別是卷層雲出現時較易看到左右兩側同時出現幻日。
幻月（Moondog）	在月亮左右兩側水平位置	內紅外藍的彩斑	雲中冰晶	- 天空多卷狀雲出現，特別是卷層雲出現時較易看到左右兩側同時出現幻月。 - 通常在滿月時較易觀察得到。
幻日環（Parhelic Circle）	穿過太陽和兩個幻日的圓弧	白色的圓弧或環	雲中冰晶	天空多卷狀雲出現，特別是卷層雲出現時較易看到幻日環。
幻月環（Paraselenic Circle）	穿過月亮和兩個幻月的圓弧	白色的圓弧或環	雲中冰晶	- 天空多卷狀雲出現，特別是卷層雲出現時較易看到幻月環。 - 通常在滿月時較易觀察得到。
環天頂弧（Circumzenithal Arc/CZA）	在太陽上方（約兩倍於 22 度暈的位置）	內紅外紫的弧，像上下倒轉了的彩虹。	雲中冰晶	- 天空多卷狀雲出現，特別是遇到有「幻日」出現。 - 日出後 / 日落前，太陽位於低空。
環地平弧（Circumhorizontal Arc/CHA）	在太陽下方（約兩倍於 22 度暈的位置）	內紅外紫且接近水平的弧	雲中冰晶	- 天空多卷狀雲出現。 - 中午前 / 後，太陽高掛天頂附近。 - 午前留意東面低空， - 午後留意西面低空。

* 註：「內」的意思是指向太陽或月亮的一方，若光學現象是背向太陽出現，「內」指反日點。
# 註：由於太陽光線強烈，不可用肉眼直視。觀看或拍攝時可藉其他物件如樹、燈柱或建築物遮擋太陽，亦盡量使用合適的太陽眼鏡保護眼睛。

現象名稱	相對於光源的位置	形狀及顏色 *	物質	觀察要點 #
光柱 / 日柱（Light/Sun Pillar）	在太陽位置向上下垂直延伸	紅、橙或白色柱狀。	大氣中的冰晶	- 天空有卷狀雲出現。 - 太陽低於或接近地平線時。
光通過懸浮在大氣中的微細水滴或冰晶所產生的衍射而形成的特殊光學現象				
日華（Solar Corona）	以太陽為圓心	白色有啡紅色邊的圓盤，外有內藍至外紅的彩環，可有多圈但漸暗。	雲中大小相近且微細的水滴或冰晶	太陽前有薄雲。
月華（Lunar Corona）	以月亮為圓心	白色有啡紅色邊的圓盤，外有內藍至外紅的彩環，可有多圈但漸暗。	雲中大小相近且微細的水滴或冰晶	- 月亮前有薄雲。 - 在滿月時觀察得較清楚。
彩光環（Glory）	在太陽的相反方向（觀察者背向太陽）	外紅內紫的彩環，顏色和彩虹一樣，可有多圈但漸暗。	雲或霧中大小相近且微細的水滴	- 在高山上當觀察者影子被陽光投射到水平線下方的雲或霧中。 - 日出或日落時在高山上較易見到。 - 飛機上在太陽的相反方向較易見到。
虹彩現象（Iridescence）	在太陽附近	彩雲的雲顏色有時混合在一起，有時呈帶狀分佈，幾乎平行於雲的邊緣。綠色和粉紅色的雲帶最常見，且色調柔和。	雲中大小相近且微細的水滴或冰晶	- 太陽附近有薄雲時。 - 陽光照射到較薄的高層雲、高積雲、卷積雲或幞狀雲時。 - 在莢狀雲的邊緣。 - 日出或日落時的虹彩現象會較為絢麗奪目。
光被空氣中的水滴折射及反射而形成的各種彩虹				
主虹 / 虹（Primary Rainbow）	在太陽的相反方向（觀察者背向太陽）	外紅內紫的彩環	霧或雲中水滴	- 在香港常見於夏季雨後。 - 太陽水平角度越低，主虹出現在天上便越高；反之則越低。 - 中午難見到主虹。

* 註：「內」的意思是指向太陽或月亮的一方，若光學現象是背向太陽出現，「內」指反日點。

註：由於太陽光線強烈，不可用肉眼直視。觀看或拍攝時可藉其他物件如樹、燈柱或建築物遮擋太陽，亦盡量使用合適的太陽眼鏡保護眼睛。

現象名稱	相對於光源的位置	形狀及顏色*	物質	觀察要點#
副虹 / 霓（Secondary Rainbow）	在太陽的相反方向（觀察者背向太陽）	外紫內紅的彩環，顏色次序和主虹相反，較主虹暗。	霧或雲中水滴	- 在香港常見於夏季雨後。 - 太陽水平角度越低，副虹出現在天上便越高；反之則越低。 - 中午難見到副虹。 - 與主虹同時出現，有時只見主虹。
雙生彩虹（Twinned Rainbows）	在太陽的相反方向（觀察者背向太陽）	兩列外紅內紫的彩環緊接在一起，最外一個彩環是一般的主虹，內接一個有少許變型的彩環。	霧或雲中水滴	觀察時間與一般彩虹一樣，但較罕見，通常出現在下大驟雨的時候。
紅色彩虹（Red Rainbow）	在太陽的相反方向（觀察者背向太陽）	與主虹和副虹一樣，但色彩主要偏紅色。	霧或雲中水滴	在香港常見於夏季雨後。只在日出或黃昏時出現。
霧虹（Fogbow）	在太陽的相反方向（觀察者背向太陽）	偏白色的圓環，其外側通常有淡紅色薄帶，內側為淡藍色薄帶。	薄霧或霧中小水滴	觀察時間與一般彩虹一樣，但較罕見。最好的觀測環境是在有薄霧的山上或寒冷的海面。
反射虹（Reflection Rainbow）	在太陽的相反方向（觀察者背向太陽）	外紅內紫的彩環	雲中水滴	- 觀察時間與主 / 副虹相同，出現在主 / 副虹同一方向的地平線上。 - 由在水面的反射光線產生。反射光線的來源通常是在觀察者身後的平靜水體，但亦可以是在觀察者前面的水體。
被反射虹（Reflected Rainbow）	在太陽的相反方向（觀察者背向太陽）	外紅內紫的彩環	雲中水滴	- 觀察時間與主 / 副虹相同，但出現在主 / 副虹同一方向地平線下的水面。 - 觀察者前面需要有平靜的水體。

* 註：「內」的意思是指向太陽或月亮的一方，若光學現象是背向太陽出現，「內」指反日點。
# 註：由於太陽光線強烈，不可用肉眼直視。觀看或拍攝時可藉其他物件如樹、燈柱或建築物遮擋太陽，亦盡量使用合適的太陽眼鏡保護眼睛。

現象名稱	相對於光源的位置	形狀及顏色*	物質	觀察要點#
光被雲或高山遮擋而形成不同光暗且岔開的光線所產生的光學現象				
雲隙光（Crepuscular Rays）	朝着太陽的方向	散射狀的光線，看來像從太陽散射出來。	雲或大山	太陽光線被雲或大山阻擋時，留意太陽方向。
反雲隙光（Anti-crepuscular Rays）	在太陽的相反方向	匯聚的光線，看來像匯聚在太陽的相反方向。	雲或大山	- 太陽光線被雲或大山阻擋時，留意太陽的相反方向。 - 在高山上向太陽的相反方向較易看見。
曙暮暉（Crepuscular Rays）	朝着太陽的方向	散射狀的光線，看來像從太陽散射出來，顏色隨日出或日落的色彩而變。	雲或大山	- 太陽光線被雲或大山阻擋時，留意太陽方向。 - 日出或日落時候
反曙暮暉（Anti-crepuscular rays）	在太陽的相反方向	匯聚的光線，看來像匯聚在太陽的相反方向，顏色隨日出或日落的色彩而變。	雲或大山	- 太陽光線被雲或大山阻擋時，留意太陽的相反方向。 - 日出或日落時候
雲影（Cloud Shadow）	朝着太陽的方向	雲的影子，可有多重影子出現。	雲	太陽光線被雲阻擋時，留意太陽方向。

* 註：「內」的意思是指向太陽或月亮的一方，若光學現象是背向太陽出現，「內」指反日點。
# 註：由於太陽光線強烈，不可用肉眼直視。觀看或拍攝時可藉其他物件如樹、燈柱或建築物遮擋太陽，亦盡量使用合適的太陽眼鏡保護眼睛。

3

有趣及特殊的雲
Interesting and Special Clouds

3.1 波狀雲 Undulatus

P3.1.1 波狀雲：Rita Ho 2015/09/29 16:35 在瀋陽本溪拍攝

「波狀層狀高積雲」，這是波狀雲的典型。雲塊在層狀的結構上廣闊伸延，一行行地整齊排列，除了透光外，漏隙間還隱約看到上層的雲塊及藍天，是典型的漏隙雲。所以 P3.1.1 全名可叫「波狀漏隙透光層狀高積雲」（Altocumulus stratiformis translucidus perlucidus undulatus）

「波狀雲」是 9 種雲類的其中一種，看起來像在天空中輕輕滾動的波浪。雲塊的元素無論合併與否，整體都平行排列成波浪的形態。波狀雲也會出現在相對均勻的雲層中，有時更會出現雙重波狀的系統。它通常出現在雲層上下方有不同的風速和 / 或風向的時候。這種風切變效應便產生像波浪的雲層，帶條紋的雲層或條狀雲塊排列的方向與風向垂直，就像風吹過沙面或海面時我們所看到的波紋一樣。

波狀這種排列形態都會出現在以下六種雲屬：卷積雲，卷層雲，高積雲，高層雲，層雲和層積雲。換句話説，無論在任何一個高度都能看到它，所以它是比較常見的雲類。它的外形既容易辨認，也很奇特，可稱得上是賞雲者的寵兒！

P3.1.2 波狀雲：何碧霞 2017/12/12 17:32 在元朗拍攝

P3.1.3 波狀雲：Cola Ng 2018/11/07 15:07 在將軍澳拍攝

P3.1.4 波狀雲：張崇樂 2016/01/27 12:01 在天水圍拍攝

P3.1.5 波狀雲：六郎 2016/12/14 15:11 在元朗拍攝

「波狀層狀卷積雲」（Cirrocumulus stratiformis undulatus）— 在藍天裏盪漾的漣漪

3.2 層狀雲 Stratiformis

P3.2.1 層狀雲：Cat Chu 2017/01/24 17:41 在流浮山拍攝

「層狀雲」是 15 種雲種其中之一，它的結構呈層狀，向水平方向廣闊延展，有時可以覆蓋整個天空。層狀雲可以在卷積雲、高積雲和層積雲三個高中低雲屬中出現，尤以層積雲和高積雲中最常見。層狀雲同時也伴隨着好幾個雲類存在，例如在「層狀高積雲」（Altocumulus stratiformis）中，常伴有「波狀雲」（Undulatus）（P3.1.1）或「網狀雲」（Lacunosus）的結構（P3.5.1）。在高積雲和層積雲兩個雲屬中，也不難在層狀的結構下，發現有以下特徵的雲類：雲會時而透光（「透光雲」（Translucidus）），時而蔽光（「蔽光雲」（Opacus））或漏光（「漏隙雲」（Perlucidus）P3.1.1）。當孔漏出現時，可讓光線從孔洞中透出來，形成神聖莊嚴的「雲隙光」（或稱「耶穌光」）。有時雲亦可以出現超過一層的「複狀雲」（Duplicatus），層層疊疊，氣象萬千。

此外，很多精彩的雲的附加特徵都沒法離開層狀雲而存在。當大家仰望天空，看見整個天空都瀰漫着層狀雲時，那就要提高警覺，靜候「雲洞」（或稱「雨幡洞」）隨時出現。隨着大氣中的氣流急劇變化，新近定義且非常罕見的「糙面雲」，也都會在「層狀層積雲」或「層狀高積雲」中出現。有時，你也會見到一個個倒吊在雲底的泡泡或袋子似的「乳狀雲」（Mamma），或大或小的由雲的底部發展出來，而它們的母體往往都離不開層狀雲。層狀雲可算是賞雲者的寵兒，見到它，你定必會發現更多精彩的景象。

P3.2.2 層狀雲：何碧霞 2017/10/31 17:46 在加拿大溫哥華（Vancouver, Canada）拍攝

P3.2.3 層狀雲：徐傑偉 2018/12/17 07:49 在將軍澳拍攝

2018 年 12 月 17 日早上，香港出現了一個較罕見的現象。原先覆蓋在香港上空厚厚的一層雲，在日出後不久便慢慢地移到南邊的海上去。在這段時間香港上空出現了半邊天的景象（P3.2.3），在靠近內陸的一邊出現蔚藍的天空，而靠近海的一邊仍然被厚厚的雲層覆蓋着。其實當日香港是受一道稱為「西風槽」的「高空擾動」影響，西風槽在早上經過香港後，槽的後方較乾燥的空氣由高空往下沉，香港附近便迅速出現晴朗的天氣。插圖 3.2.1 的可見光衛星雲圖清晰可見當日早上晴空與雲的邊界就在香港以南。從插圖 3.2.2 可見，當日早上 8 時香港仍然被一層雲所覆蓋，雲底在 2000 米左右，厚度約 300 米，但西風槽後乾燥的西北風開始下沉影響香港。從插圖 3.2.3 可見當日晚上 8 時原來在 2000 米左右的雲層已消散，整層大氣都被較乾燥的空氣所控制。

有關京士柏氣象站高空觀測資料的詳細解說，可參考以下網頁上的說明：

另外，有關「西風槽」及「高空擾動」的詳細解說，請參考以下的香港天文台教育資源：

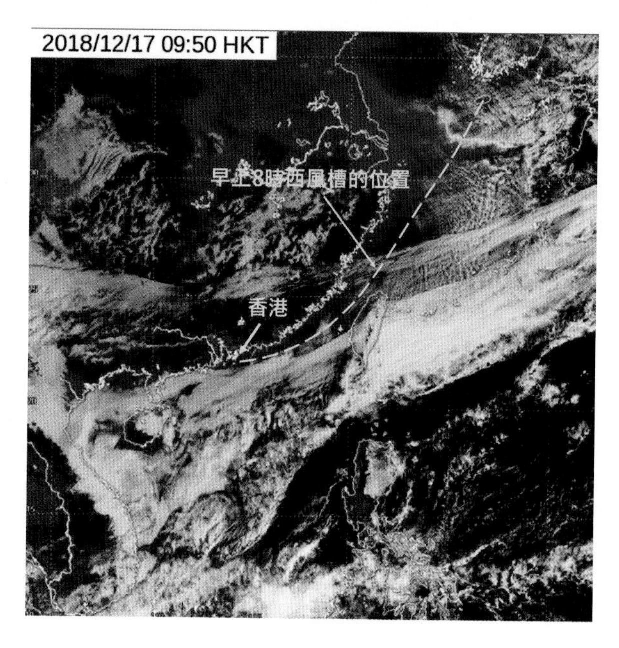

插圖 3.2.1
2018 年 12 月 17 日上午 9 時 50 分香港天文台的可見光衛星雲圖（以上圖像接收自日本氣象廳 Japan Meteorological Agency（JMA）的向日葵 8 號衛星）

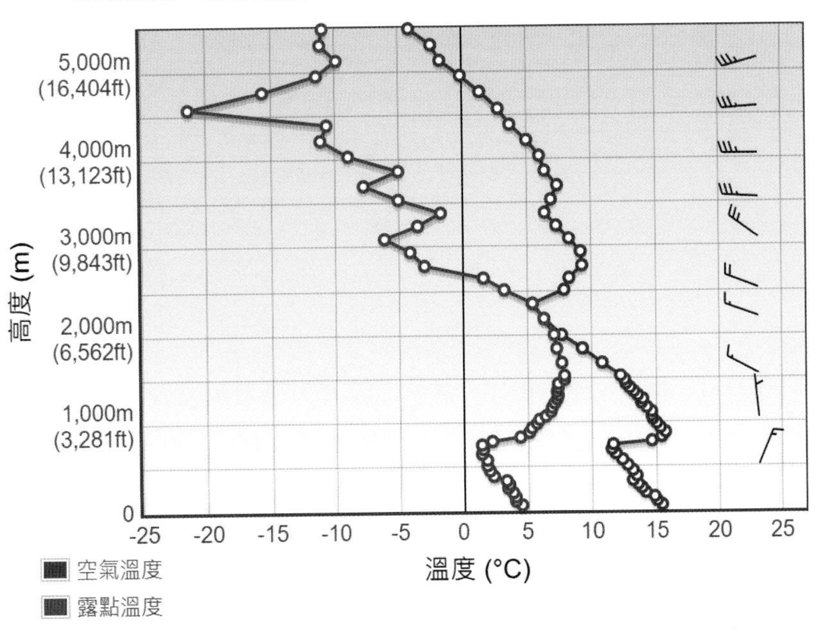

插圖 3.2.2 2018 年 12 月 17 日上午 8 時香港天文台京士柏氣象站進行高空觀測量度到的溫度、露點、風速及風向的垂直變化

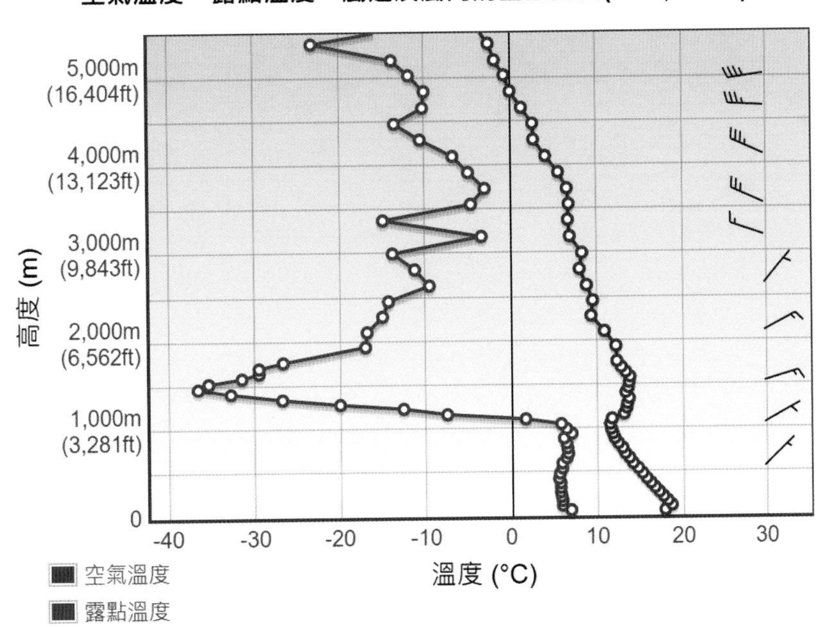

插圖 3.2.3 2018 年 12 月 17 日下午 8 時香港天文台京士柏氣象站進行高空觀測量度到的溫度、露點、風速及風向的垂直變化

P3.2.4 層狀雲：譚廣雄 2018/01/10 07:43 在尖沙咀拍攝

P3.2.5 層狀雲：譚廣雄 2018/01/11 07:43 在尖沙咀拍攝

3.3 浪形雲 Fluctus

P3.3.1 浪形雲：六郎 2020/06/03 18:55 在元朗拍攝

「浪形雲」是雲的 11 種附加特徵之一，亦是 2017 年版國際雲圖定義的新附加特徵。它的外觀如翻起的巨浪，通常在雲的頂部表面以捲曲或破碎波浪形式短暫出現。浪形雲一般與「開爾文 - 赫姆霍茲波」（Kelvin-Helmholtz（KH）Waves）有關，所以也稱為 KH 波浪雲（KH Billow Cloud）。

當雲出現在兩層溫度不同的氣團交界處，而下層較涼的氣團與上層較暖的氣團的移動方向或速度不同時，浪形雲便有機會形成。這種在不同高度出現不同風向或風速的情況稱為「垂直風切變」。在適當的條件下，當下層較涼的空氣上升進入上層較暖的空氣時，便發展成浪形雲的型態（插圖 3.3.1）。

浪形雲大多與卷雲、高積雲、層積雲或層雲同時出現，間中也在積雲出現。浪形雲有時亦會出現在莢狀雲頂部的邊沿（P3.4.6）或在霧的頂部（P3.3.7）。浪形雲外觀獨特，很容易被識別出來，當它一旦形成，看起來會非常壯觀。其實它也不是太罕見，可是，因為它的形態變化得很快，通常在數分鐘內就變得面目全非，以致很容易讓人錯過而已。

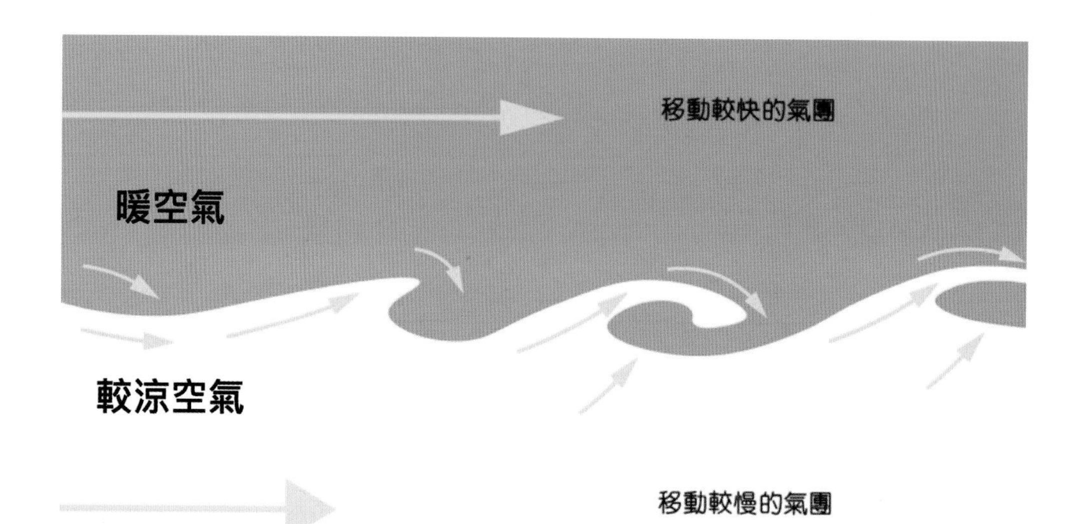

插圖 3.3.1 浪形雲形成的其中一個情況（資料來源：香港天文台「度天賞雲」電子書）

P3.3.2 浪形雲：Cat Chu 2018/09/18 18:35 在天水圍拍攝

P3.3.3 浪形雲：Cat Chu 2018/12/31 17:18 在流浮山拍攝

P3.3.4 浪形雲：何碧霞 2017/09/15 18:42 在加拿大溫哥華（Vancouver, Canada）拍攝

P3.3.5 浪形雲：六郎 2017/11/28 07:00 在元朗拍攝

P3.3.6 浪形雲：岑智明 2004/02/10 11:38 在尖沙嘴拍攝

岑智明：「2004 年 2 月 10 日早上 11 時 30 分，當日我在天文台的美麗華大廈辦公室工作，正感眼睛疲累抬頭望出窗外，竟給我發現在九龍的上空，出現了一道窄長而看似平滑的雲橫跨於眼前。於是我連忙拿出數碼相機把這奇景拍攝下來，當到了 11 時 38 分，赫然發現這片雲已變成傳統『脆麻花』的樣子，只短短兩分鐘就漸漸消散至無影無踪。『脆麻花』雲因狀似多對排列整齊的貓眼，所以，外國的氣象學家也稱它為『貓眼』（Cat's Eye）。形成這奇特的雲是因為風切變，但它每次維持的時間都很短暫，所以極為罕見，據我所知，這也是第一次在香港拍攝得到貓眼的照片，因為我當時正研究機場的風切變現象，又剛好給我遇上，真是一段奇緣！」

P3.3.7 浪形雲：譚廣雄 2020/03/23 08:17 在馬鞍山拍攝

譚廣雄：「當日早上我站在馬鞍山的高處，不至於身在霧中，才能把吐露港被海霧籠罩的整個情景拍下來。隨着太陽的升起，海霧開始變薄，在海霧表面卻形成了如波濤拍岸般的浪形雲 ，只消幾分鐘已飄緲無踪。」

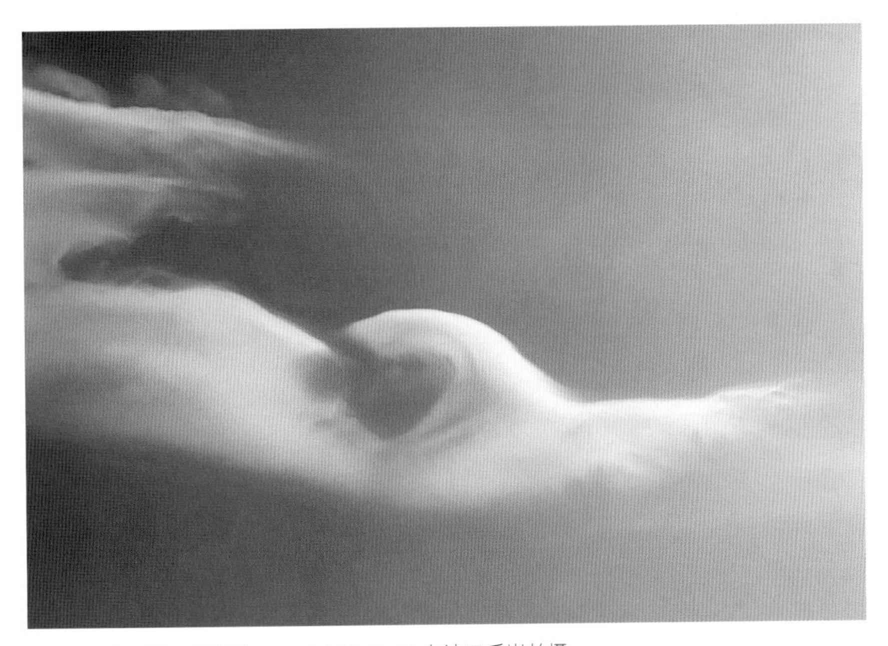

P3.3.8 浪形雲：譚廣雄 2021/01/25 10:43 在沙田禾輋拍攝

譚廣雄：「當日早上香港受一股清勁且潮濕的偏東氣流影響。當潮濕的氣流被香港東面的山阻擋，被迫爬升，在背風坡的沙田區上空形成了形狀奇特，千姿百態的地形雲，這片巨大的浪形雲只出現了一分鐘左右便消失得無影無踪。」

3.4 莢狀雲 Lenticularis

P3.4.1 莢狀雲：Alfred Lee 2016/02/09 16:34 在馬鞍山拍攝

在莢狀高積雲邊沿形成的虹彩現象

「莢狀雲」是 15 種雲種之一，外形像凸透鏡或杏仁，有時會延展得非常長及有清晰的輪廓，偶爾會出現「虹彩現象」（Iridescence）。它一般是由於氣流被地形抬升而產生，但也可出現在無顯著起伏的地形上。莢狀雲主要出現在卷積雲、高積雲和層積雲中，但以高積雲最常見。由於它的外貌有趣，活像一隻飛碟或不明飛行物體，賞雲者都愛稱它為「飛碟雲」。它姿態百變，有時又像堆疊起來的煎餅，看見它的出現，總教人雀躍。

莢狀雲的主要成因是當一股潮濕的氣流遇到山脈阻擋而被迫沿迎風坡爬升，在穩定的大氣環境下，沿背風坡下沉，而被擾動的氣流會產生一連串上下起伏的波浪，並在波峰處形成豆莢狀的雲，一夥夥以帶狀排列，跟山脈平行地伸延開去（插圖 3.4.1）。莢狀雲雖然並不會帶來降雨，但見到它的出現，顯示雲所在高度有強風。莢狀高積雲往往會帶來虹彩現象，尤其是在日出和日落的時分，那七彩變幻的顏色，令人迷醉。

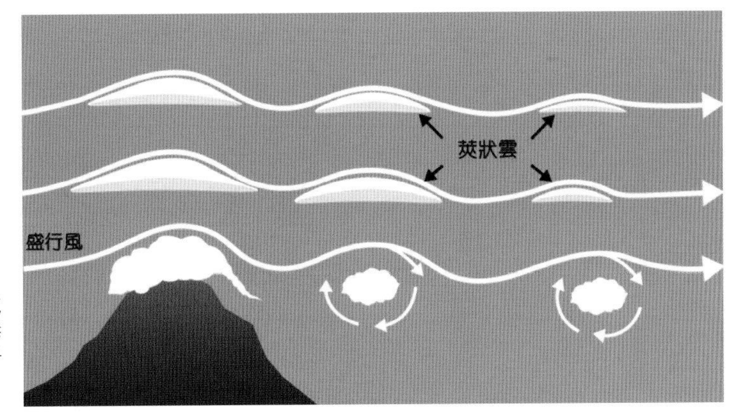

插圖 3.4.1 莢狀雲的形成示意圖（資料來源：香港天文台「度天賞雲」電子書）

P3.4.2 莢狀雲：何碧霞 2016/09/15 11:56 在加拿大英屬哥倫比亞（British Columbia, Canada）拍攝

何碧霞：「莢狀高積雲如一隻懸浮在空中的飛碟，又像堆疊起來的煎餅，引人入勝。」

P3.4.3 莢狀雲：鄭佩佩
2016/10/01 05:30 在台北
新北市拍攝

P3.4.4 莢狀雲：田進福
2016/10/26 18:16
在青衣西草灣拍攝

太陽落在地平線之後，莢狀高積雲把大氣中上下起伏的波浪形態顯得份外突出。

P3.4.5 莢狀雲：Vivienne Fong 2019/08/29 17:53
在大埔拍攝

P3.4.6 莢狀雲：岑智明 2006/02/08 09:57 在尖沙嘴拍攝

岑智明：「2006 年 2 月 8 日我本來是休假的，卻在早上回到天文台的美麗華大廈辦公室處理一些工作。剛回到辦公室往窗外一望，就看到九龍上空出現類似飛碟形狀的雲，我於是急忙拿起相機往天台，從 9 時 42 分至 10 時 9 分拍下一些照片，當中雲的變化不少，形狀一時很像兩隻飛碟停留在空中，一時又變得不太像飛碟，或是一邊像飛碟，另一邊不像，來回變化了幾次。當天九龍地面及山上吹和緩至清勁的東風，大氣也較為穩定。由此可以推斷「飛碟雲」是由東風吹過九龍東部的飛鵝山和附近山嶺而形成的莢狀雲。」

編者按：仔細看照片中的兩塊莢狀雲，我們可以看到雲的頂部邊沿還出現浪形雲的特徵，特別是右邊的雲塊。

P3.4.7 莢狀雲：岑智明 2004/04/11 18:15 在香港半山區拍攝

岑智明：「2004 年 4 月 11 日近黃昏時分，我在港島半山家中留意到窗外有一些薄薄的雲，形狀有點平滑如絲的感覺，令我想起同年二月出現過的『脆麻花』雲（P3.3.6），於是我拿出相機，從下午 5 點 24 分開始，每隔一兩分鐘拍一張照片，靜觀其變。到了下午 6 時 10 分左右，期待的畫面終於出現了：莢狀雲在我面向中環的高樓大廈之間出現，但最不可思議的是 5 分鐘後莢狀雲竟然變了一個像『捲筒蛋糕』形狀的雲（P3.4.7, P3.4.8）！在接着的十多分鐘內，『捲筒蛋糕』變回了莢狀雲（P3.4.9），之後又還原為『捲筒蛋糕』（P3.4.10）。只可惜我需離家外出，沒有拍下之後的情況。後來得知天文台預報中心的同事也在當日下午六時左右拍到九龍及維港上空出現一條貌似管狀的雲（P3.4.11），而我所拍到的是它的橫切面。這種帶有巨型波浪特徵的莢狀雲實屬罕見，不知將來會否納入成為新的雲種定義？這次除了捕捉到難得一見而且變化多端的莢狀雲外，更令我高興的是『捲筒蛋糕』被香港郵政選為其中一張在 2014 年 3 月發行的『天氣現象』郵票。」

P3.4.8 莢狀雲：岑智明 2004/04/11 18:16 在香港半山區向北拍攝，在莢狀雲上的波浪特徵清晰可見。

P3.4.9 莢狀雲：岑智明 2004/04/11 18:20 在香港半山區向北拍攝，莢狀雲的波浪特徵消失了。

P3.4.10 莢狀雲：岑智明 2004/04/11 18:24 在香港半山區向北拍攝，在莢狀雲上的波浪特徵又再出現。

P3.4.11 莢狀雲：天文台觀測員 2004/04/11 18:00 在尖沙嘴天文台總部向西拍攝

3.5 網狀雲 Lacunosus

P3.5.1 網狀雲：六郎 2016/10/16 07:57 在大嶼山拍攝

「網狀雲」是 9 種雲類之一，雲塊、雲片或雲層（通常相當薄）顯現出或多或少有規則分佈的圓洞，並排列成網狀或蜂巢般的樣子。這種佈滿圓孔狀的雲非常獨特，它一旦出現，你一定很容易認出來。

網狀雲主要出現在卷積雲、高積雲和層積雲三個雲屬，以卷積雲及高積雲中最常見，而在層積雲中較罕見。當一層較涼的空氣遇到在它下面一層較溫暖的空氣時，在兩者的相互作用下產生局部範圍的下沉和上升氣流，下沉氣流形成圓洞，上升氣流則形成圓洞周圍的雲邊。因此，網狀雲經常出現在層狀的雲種中，但請注意不要跟雲洞（雨幡洞）混淆，因為後者的洞是單獨而且非常大的，而網狀雲的圓孔數量會很多並且密集，呈魚網或蜂巢狀。

P3.5.2 網狀雲：六郎 2016/10/16 07:56 在大嶼山拍攝

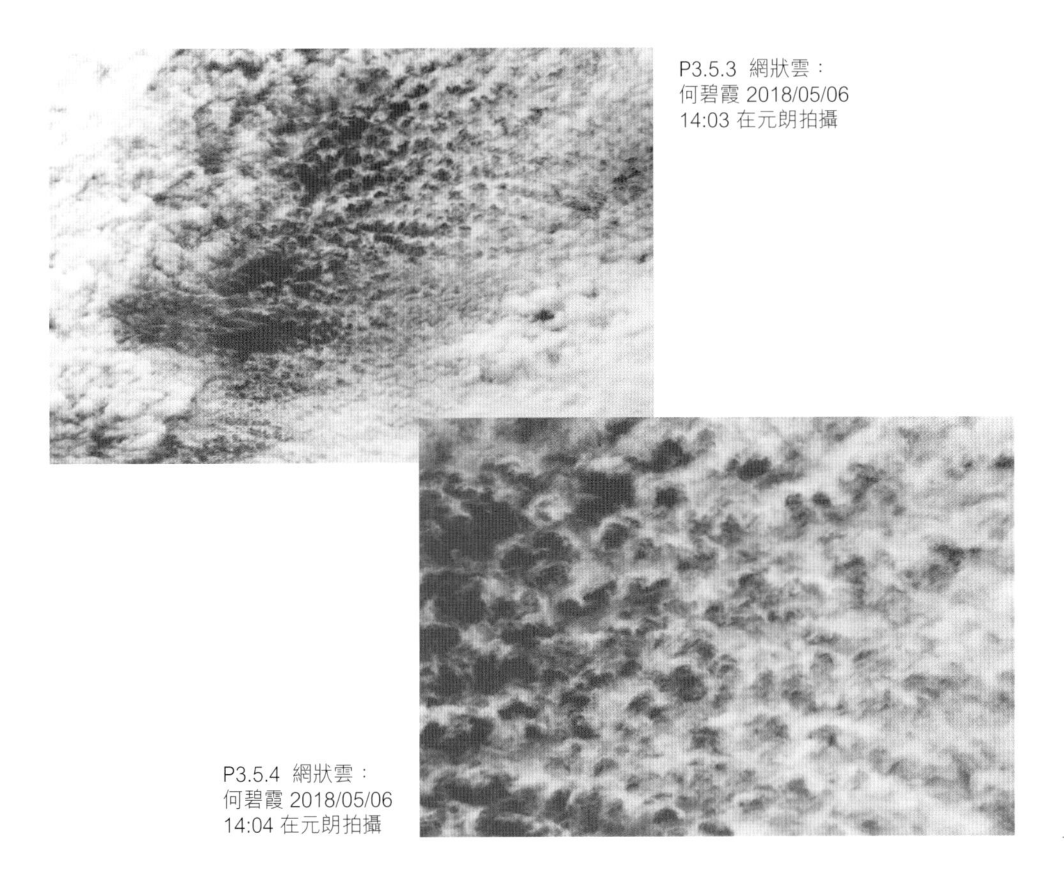

P3.5.3 網狀雲：何碧霞 2018/05/06 14:03 在元朗拍攝

P3.5.4 網狀雲：何碧霞 2018/05/06 14:04 在元朗拍攝

3.6 幞狀雲 Pileus

P3.6.1 幞狀雲：Kwan Chuk Man 2018/07/17 18:09 在大尾督拍攝

像輕紗般的幞狀雲蓋在積雨雲的頭頂

「幞狀雲」是 4 種附屬雲之一，它是在積雲或積雨雲頂上出現的一種水平範圍較小的雲體，看起來平滑而像一頂薄薄的小帽子。當大氣中一層穩定而潮濕的氣流經過正向上迅速發展的積雲或積雨雲時，氣流便會被抬升而冷卻，並凝結成一層像帽子的薄雲蓋在積雲或積雨雲上，有時甚或穿附在其頂部。若遇上幾層幞狀雲出現時，就好像疊加起來的奶油蛋糕似的，甚是可愛。

雖然幞狀雲與莢狀雲及山帽雲一樣，都是由一層穩定而潮濕的氣流被迫抬升而產生，但障礙物不再是山而是隆起的雲。

觀察注意：幞狀雲一般都很薄，陽光通過雲內細小的水滴或冰晶時往往會產生「虹彩現象」（Iridescence）。尤其是在日出或黃昏時，薄薄的雲體透出耀眼色彩，飄浮在它的母雲上，斑斕奪目，堪稱為賞雲者的寵兒。由於幞狀雲產生在向上迅速發展的積雲或積雨雲上，出現的時間不會太長，稍縱即逝，若大家看見有積雲在發展，切勿錯過捕捉幞狀雲的機會。

P3.6.2 幞狀雲：譚嘉禧 2014/08/15 18:55 在大竃峒拍攝

日落時分，幞狀雲上現虹彩。

P3.6.3 幞狀雲：Albert Chan 2019/06/29 19:05 在葵涌拍攝

日落時分，幞狀雲上現虹彩。

P3.6.4　幞狀雲：何碧霞 2019/06/03　18:51 在元朗拍攝

何碧霞：「幞狀雲有時成疊出現在積雨雲頂部，這一片格外刁鑽，如幞布般在耍雜技哥兒的指尖上旋轉，妙趣橫生。」

P3.6.5 幞狀雲：六郎 2016/06/28 18:20 在元朗拍攝

幾層幞狀雲疊加起來好像奶油蛋糕似的，甚是可愛。

3.7 幡狀雲 Virga

P3.7.1 幡狀雲：Young Chuen Yee 2019/09/06 16:45 在香港國際機場拍攝

「幡狀高積雲」(Altocumulus virga)：高積雲底下附着的雨幡(Fallstreaks)，就活像一隻隻大大小小的水母在天空中飄浮，所以亦有人稱它們為「水母雲」。

「幡狀雲」是雲的 11 種附加特徵之一，是附着在雲底的垂直或傾斜的絲狀降水（雨幡 Fallstreaks）。因為降水在未到達地面前便已被較乾燥的暖空氣蒸發掉，所以地面上不會感覺到降水。幡狀雲大多出現在卷積雲、高積雲、高層雲、雨層雲、層積雲、積雲和積雨雲。

P3.7.2 幡狀雲：Anthony Shek 2019/09/06 17:00 在土瓜灣拍攝

P3.7.3 幡狀雲：Charman To 2019/09/06 17:16 在中環拍攝

P3.7.4 幡狀雲：譚廣雄 2021/05/10　17:34 在西貢碼頭拍攝

P3.7.5 幡狀雲：何碧霞 2019/10/10 18:44 在加拿大溫哥華（Vancouver, Canada）拍攝

3.8 捲軸雲 Volutus

P3.8.1 捲軸雲：彭萬山 2016/01/27 11:00 在東博寮海峽海面上拍攝

「捲軸雲」是 15 種雲種之一，亦是 2017 年版國際雲圖定義的新雲種，是較罕見的。捲軸雲是一條長長的雲體，像一條水平橫躺着的管，通常位於大氣低層，看來像圍繞着一個水平軸心慢慢旋轉似的。它是一個孤立的雲體，並不與其他雲體連接。通常在層積雲和高積雲中出現，而以後者較少見。捲軸層積雲（Stratocumulus volutus）通常單獨存在，偶爾會以多條管狀雲帶形式出現。

捲軸雲可在結構成熟的積雨雲前沿形成。當與積雨雲相關的風暴消散時，下沉的冷空氣伴隨着陣風繼續在風暴的前方擴展，在積雨雲前緣可形成狀似一條捲動的雲，並與積雨雲中的弧狀雲分離（插圖 3.8.1）。

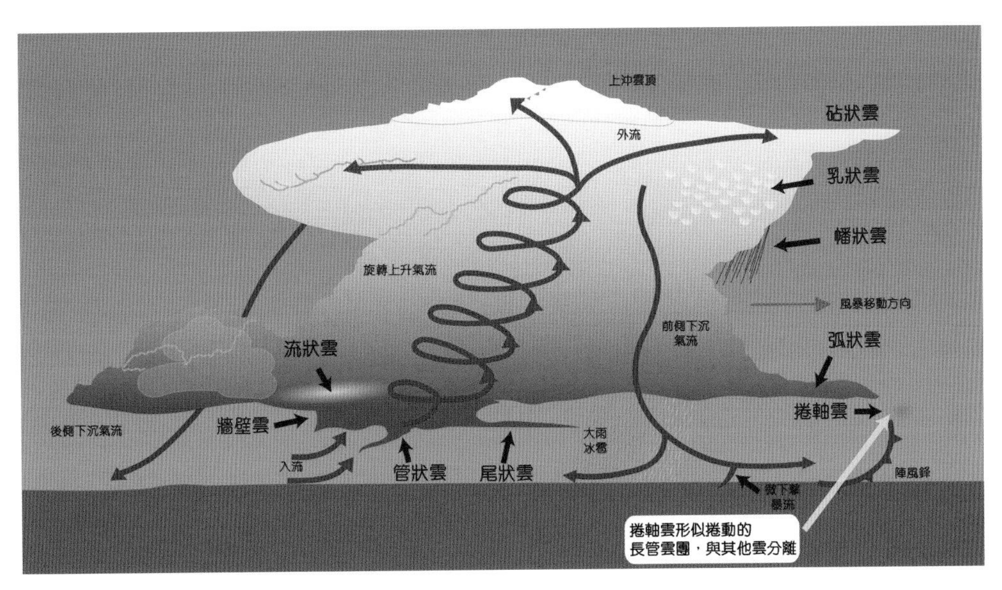

插圖 3.8.1　捲軸雲的形成示意圖（資料來源：香港天文台「度天賞雲」電子書）

大家會很容易把捲軸雲跟弧狀雲混淆，如何區分呢？捲軸雲是獨立的雲體，不會跟其他的雲塊粘附在一起，而弧狀雲往往是附着積雨雲或積雲的底部，是這兩者的附加特徵。

有一種著名的捲軸雲不可不提，那便是出現在澳洲東北部卡奔塔利亞灣（Gulf of Carpentaria）的「晨輝雲」（Morning Glory Cloud）。這種捲軸雲可長達數百公里，氣象學家估計是由於在約克角半島（Cape York Peninsula）兩側的氣流匯聚令晨輝雲出現。正是由於當地海洋和陸地的地理配置，使當地成為全球暫時唯一可以預測晨輝雲出現時間的地區。

有關在澳洲卡奔塔利亞灣的晨輝雲短片可參考以下連結：

The Morning Glory Cloud — Secrets of a Strange Cloud:

香港首次有正式記錄的捲軸雲是在 2016 年 1 月 27 日，當日早上有很多市民都在不同地區觀看或拍攝到這一奇景，其中以彭萬山先生在港島以西，南丫島東北面之東博寮海峽海面上拍攝到的照片（P3.8.1）最為清晰及有代表性。當時在 CWOS 群組有以下的記錄：

彭萬山：「長筒狀的雲層，一條條像腸粉般很整齊地隔着並排，我坐海觀天超過三十年，也是首次見到，也不懂解釋其成因。特別之處是它不只一條，而是一排齊整地同一水平排列，覆蓋香港西面大部分面積，形成光暗斑紋。」

譚廣雄：「這幅雲相很特別，應該屬於弧狀雲（Arcus cloud）的一種較少見的品種，名為滾軸雲 / 捲軸雲（Roll cloud）。與在春夏季節雷暴前所見到的另外一種弧狀雲的品種 Shelf cloud（有譯作灘雲）不同，後者在香港較常見，天文台的《2015/2016 月曆》也有收錄。」

編者按：捲軸雲是在 2017 年版的國際雲圖中才獨立定義的新雲種，在此之前和灘雲一起統稱作弧狀雲。

P3.8.2 捲軸雲：麥梓鍵 2016/01/27 11:32 在柴灣向東至東北方拍攝

麥梓鍵：「很特別和排列頗整齊的雲層！這個景象只出現一瞬間，感恩！當時有少許微雨，只出現一刹那的陽光便再次被其他雲層覆蓋！」

P3.8.3 捲軸雲：何碧霞 2018/12/10 15:19 在加拿大溫哥華（Vancouver, Canada）拍攝

P3.8.4 捲軸雲：六郎 2020/05/10 07:35 在元朗拍攝

P3.8.5 捲軸雲：六郎 2020/05/10 07:37 在元朗拍攝

六郎：「這兩張照片是在元朗夏村的圓頭山上拍攝的。由夏村的靈渡寺上山，是『杯靈雙渡』的起點，杯是青山，靈是靈渡山即圓頭山。我到達圓頭山時，看見西面的內伶仃島上空有一條很有趣的雲帶在發展，當時第一感覺是一支長長白棍橫空，以為是管狀雲。」

編者按：六郎還同時拍了短片，清楚看到在內伶仃島上空慢慢產生出一條長長的雲帶，雲帶向鏡頭方向滾動，就好像一條被扭緊的毛巾似的。翻查當時的氣象資料，估計島的上空當時吹着和緩至清勁且較潮濕的西南風，風向大致與捲軸雲的軸心垂直。

捲軸雲短片：

3.9 弧狀雲 Arcus

「弧狀雲」是雲的 11 種附加特徵之一，是偶爾出現在積雨雲或濃積雲前下方的一種濃密，外表灰白色並呈水平卷軸狀的附加特徵。雲的邊緣是破破爛爛的，若在水平方向廣闊延展時，底部暗黑，就好像承托着暴風雨的弧狀棚架一樣，來勢洶洶，令人震懾。當它逼近時，往往象徵着狂風暴雨即將來臨。

與結構成熟的積雨雲相關的冷空氣急速地向下沉（即下擊暴流）到達地面時，冷空氣向外擴散，所形成的陣風鋒會逼使周圍的暖濕空氣沿陣風鋒抬升，暖濕空氣會冷卻及凝結，在積雨雲前下方形成弧狀雲（插圖 3.9.1）。當弧狀雲經過時一般都會帶來狂風和使氣溫驟降。

P3.9.1 弧狀雲：Danny Kwok 2015/05/30 17:00 在龍鼓灘拍攝

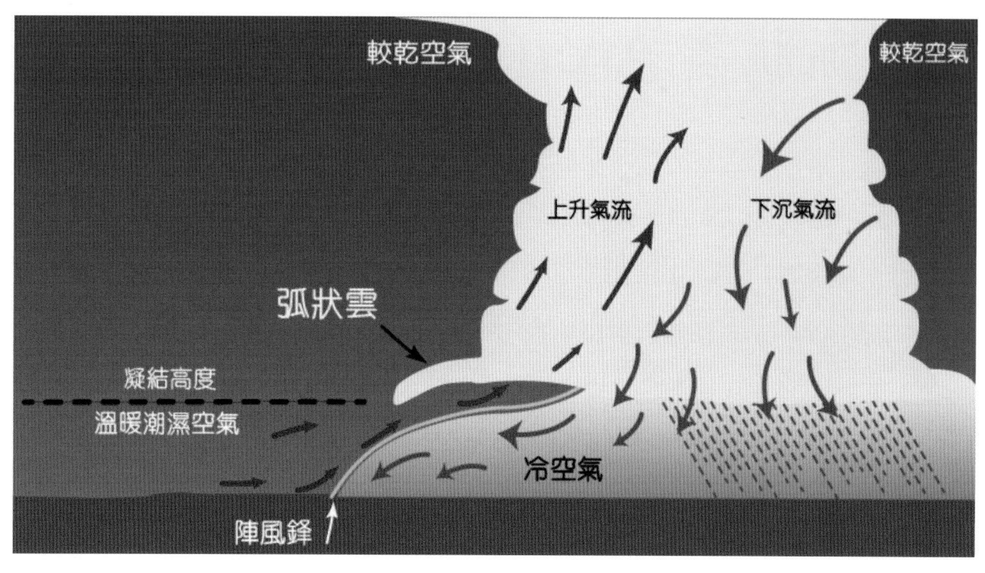

插圖 3.9.1 弧狀雲的形成示意圖（資料來源：香港天文台「度天賞雲」電子書）

P3.9.2 弧狀雲：黎宏駿 2020/05/10 16:24 在屯門黃金海岸拍攝

2020 年 5 月 10 日下午一條強烈雷雨帶橫過珠江口，從西北面逼近香港（插圖 3.9.2）。這條強烈雷雨帶（又叫「颮線」）是由多個雷暴區或雷暴單體組成的。黎宏駿當時在屯門黃金海岸向西北方向拍攝到與颮線相關的積雨雲前下方的弧狀雲。當颮線經過時，天文台在黃金海岸附近的屯門自動氣象站的風速及氣溫均錄得急劇變化（插圖 3.9.3 至 3.9.4）。

有關颮線的詳細介紹請參考以下的香港天文台教育資源：

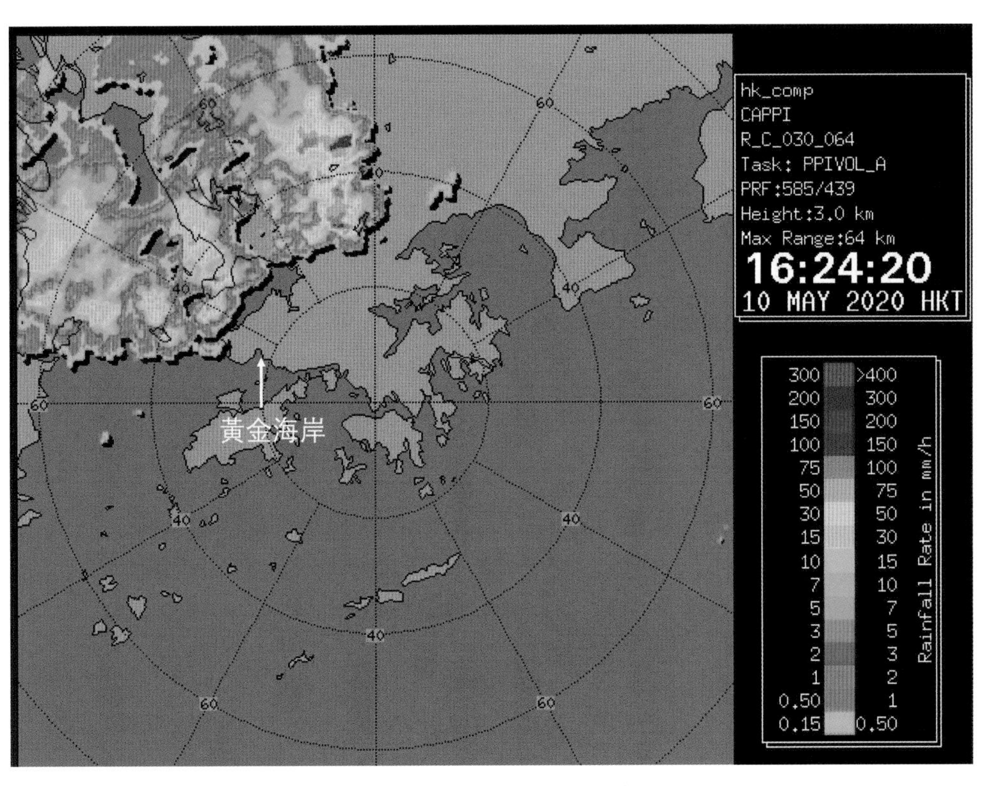

插圖 3.9.2 2020 年 5 月 10 日下午 4 點 24 分的香港天文台雷達圖像

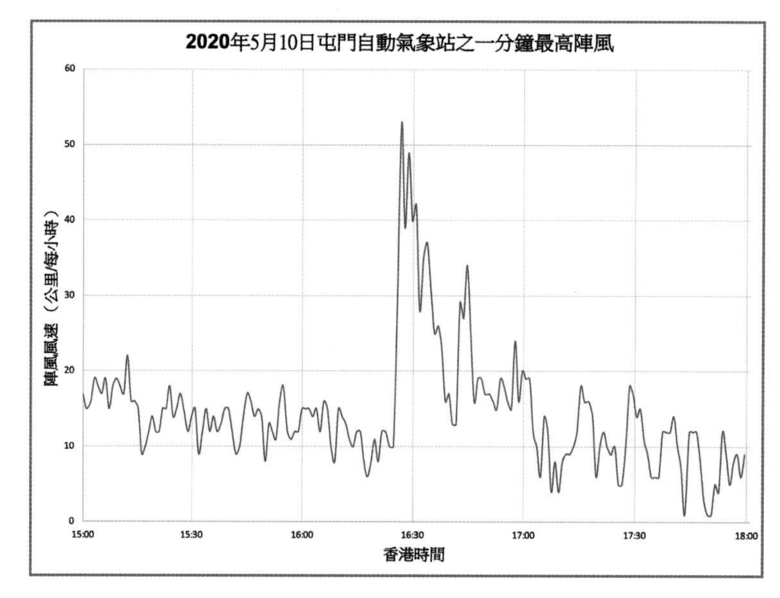

插圖 3.9.3 當颮線在 2020 年 5 月 10 日下午橫過屯門黃金海岸附近時，屯門自動氣象站之陣風錄得急劇變化。

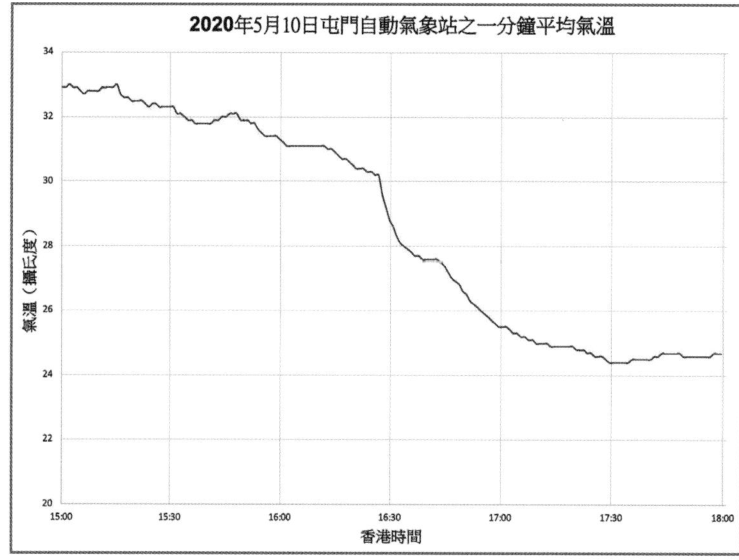

插圖 3.9.4 當颮線在 2020 年 5 月 10 日下午橫過屯門黃金海岸附近時，屯門自動氣象站之氣溫急劇下降。

P3.9.3 弧狀雲：六郎 2015/06/05 17:53 在元朗拍攝

P3.9.4 弧狀雲：陳美淑 2011/08/24 18:13 在赤鱲角機場維修區拍攝

P3.9.5 弧狀雲：
Jeffrey Poon
2015/05/30 18:19
在馬草壟拍攝

P3.9.6 弧狀雲：
Matilda Au
2016/09/09 11:03
在船灣淡水湖主壩拍攝

3.10 糙面雲 Asperitas

P3.10.1 糙面雲：Kwan Chuk Man 2016/11/19 17:24 在沙田拍攝

在 11 種雲的附加特徵中，「糙面雲」是在 2017 年版國際雲圖中才被確認的新的附加特徵。早在 2008 年，英國的「賞雲協會」（Cloud Appreciation Society）便向「世界氣象組織」（World Meteorological Organization）提議把糙面雲當作是一個獨立的新雲種，並在 2015 年舉行全球糙面雲照片比賽以選出最有代表性的照片。世界氣象組織「國際雲圖專責小組」[1] 在 2015 年 9 月在南非普勒托利亞（Pretoria, South Africa）開會，確定了符合糙面雲定義的特徵，並替「賞雲協會」選出糙面雲照片比賽的冠軍照片。通過參考大量參賽照片，專責小組在這次會議中確定了糙面雲以下四個特徵：

1. 雲底呈波浪狀，垂直方向高低起伏清晰，有時更有凸出尖點，從地面往上看就像波濤洶湧的海面；

1　本書的主編也是該小組的成員之一

2. 與波狀雲相比，它較為混沌及粗糙，水平方向紋路缺乏組織；

3. 不同的光照度和雲層厚度會產生震撼性的視覺效果；

4. 多數伴隨層積雲或高積雲出現。

有關該次比賽的資料和典型糙面雲的照片，請參看以下網頁：

糙面雲的形成機制現在還未被完全確定，但它一般都出現在層狀雲中，而且和「垂直風切變」[2] 有關。

P3.10.2 糙面雲：梁秉偉 2015/04/23 12:42 在牛頭角市政大廈附近拍攝

2015 年 4 月 23 日中午時分，香港上空出現了一片很奇特的雲，那便是當時還未被定義的糙面雲。P3.10.2 是香港首張被確認為最有代表性的糙面雲照片。

P3.10.3 糙面雲：Tam K W Dorothy 2017/03/15 09:10 在新清水灣道拍攝

2 在不同高度出現不同風向或風速的情況稱為「垂直風切變」

2017 年 3 月 15 日早上，香港上空再次廣泛出現糙面雲，CWOS 組員亦在香港不同地方拍下了糙面雲在不同時間的形態（P3.10.3 — P3.10.5）。插圖 3.10.1 及 3.10.2 是當時香港上空的氣象情況。資料顯示，當日最低的雲層在離地面約 1000 至 1500 米左右，這裏亦有一層很厚的逆溫層（插圖 3.10.1）。插圖 3.10.2 亦顯示當日在 1000 米左右的高度存在很大的垂直風切變，風向由 1000 米以下的偏東風轉為 1000 米以上的偏南風，而且在早上大約 8 時至 9 時在 1000 米高度附近的風速曾突然增強到強風程度，這亦和大多數 CWOS 組員觀測到糙面雲的時間吻合。根據當日的雲層高度和形態，這次的糙面雲應屬「糙面蔽光層狀層積雲」（Stratocumulus stratiformis opacus asperitas）。

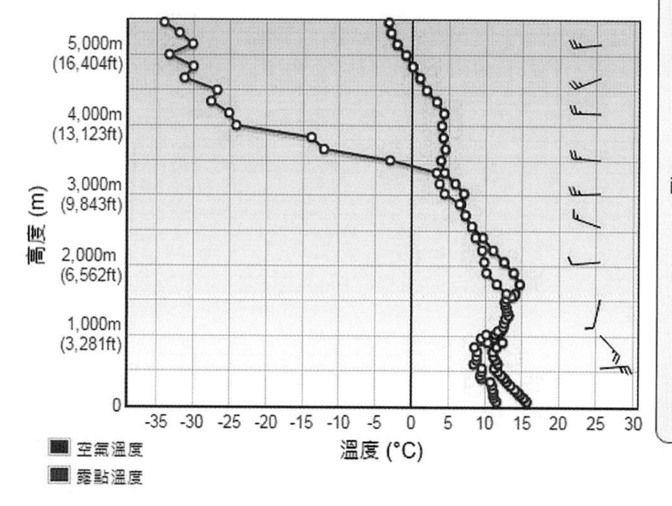

觀測提示：

i. 在某一高度上，空氣溫度及露點溫度的相差(氣溫露點差)可顯示該高度附近空氣的濕潤程度。當氣溫露點差接近0°C時，通常便產生雲或霧。因此，氣溫露點差是一個很好的指標來估算雲底高度。

ii. 一般而言，氣溫會隨高度增加而下降。但逆溫層表示空氣溫度隨高度的增加而上升。當逆溫層出現時，該層以下的空氣會較為穩定，而空氣的垂直運動亦受到抑制。在其他適合的氣象條件配合下，逆溫層通常有利大氣低層產生雲、霧或煙霞。

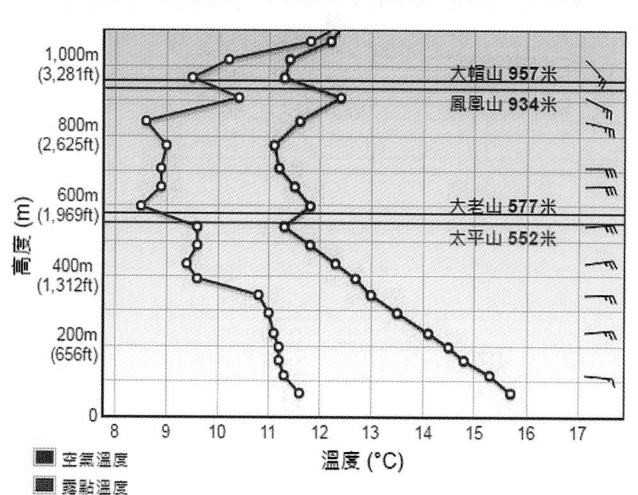

插圖 3.10.1 2017 年 3 月 15 日上午 8 時香港天文台京士柏氣象站進行高空觀測量度到的溫度、露點、風速及風向的垂直變化

有關京士柏氣象站高空觀測資料請參考以下網頁：

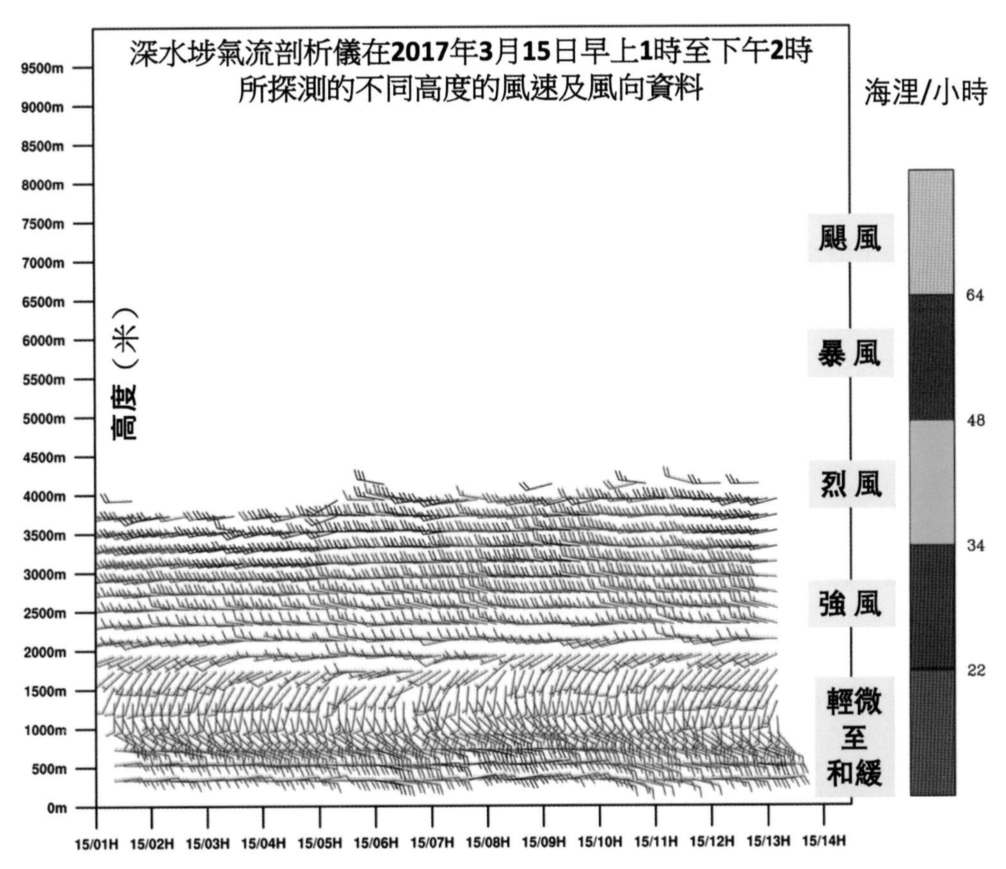

插圖 3.10.2 2017 年 3 月 15 日香港天文台在深水埗的氣流剖析儀所探測的不同高度的風速及風向資料

有關如何解讀風羽的符號請參考以下網頁：

P3.10.4 糙面雲：Laurence Lai 2017/03/15 08:30 在吐露港拍攝

P3.10.5 糙面雲：Rita Ho 2017/03/15 08:32 在土瓜灣拍攝

3.11 火成雲 Flammagenitus

P3.11.1 火成雲：何碧霞 2016/07/03 15:08 在加拿大溫哥華（Vancouver, Canada）拍攝

何碧霞：「地平線遠方的保育濕地失火，猛烈地燃燒了整個下午。我家的露台正好面向這場大火，於是我拿起相機把整個情況記錄下來，沒想到會拍下這麼難得的一刻，欣喜莫名。然而，我卻為這次燒毀了好一大片面積的保育濕地而感到心痛啊！」

「火成雲」或「火成性雲」是 2017 年版國際雲圖定義的新雲種，是 6 種特種雲之一。火成雲是指由森林大火、山火或火山爆發活動產生的熱力引發對流而形成的積雲和積雨雲。當大火在地面上燃燒時，空氣的溫度不斷上升，往上升的溫暖空氣於是把水蒸氣帶入大氣中，上升氣流內亦含有無數微細粒子，成為凝結核，於是水蒸氣瞬間凝結成雲。如果火勢夠大，則雲可能會繼續發展，變成積雲、濃積雲，甚至是積雨雲，並可能會產生閃電。如 P3.11.1 在山火現場上空形成的一團雲，迅速發展成濃積雲。因為濃積雲急劇向上發展時，剛好高空有一股暖濕氣流經過，一片薄薄的幞狀雲隨即在積雲頂部形成，我們可稱之為火成性幞狀濃積雲（Cumulus congestus pileus flammagenitus）[1]。

火成雲短片：

1　火成性積雲（Cumulus flammagenitus）也常稱為火積雲（Pyrocumulus）。

3.12 人造雲 Homogenitus

P3.12.1 人造雲：何碧霞 2017/11/10 08:10 在加拿大溫哥華（Vancouver, Canada）拍攝

來自工廠煙囪上升的熱氣流所產生的人造雲

「人造雲」是由於人類活動而產生的雲，如工業生產過程中排放的熱氣流所形成的雲或來自飛機的「凝結尾跡」（Contrails）。本章亦把由凝結尾跡轉化而成的「凝結尾跡變形雲」（Homomutatus）一並包括在內，不另分章節。

3.12.1 凝結尾跡 Contrails

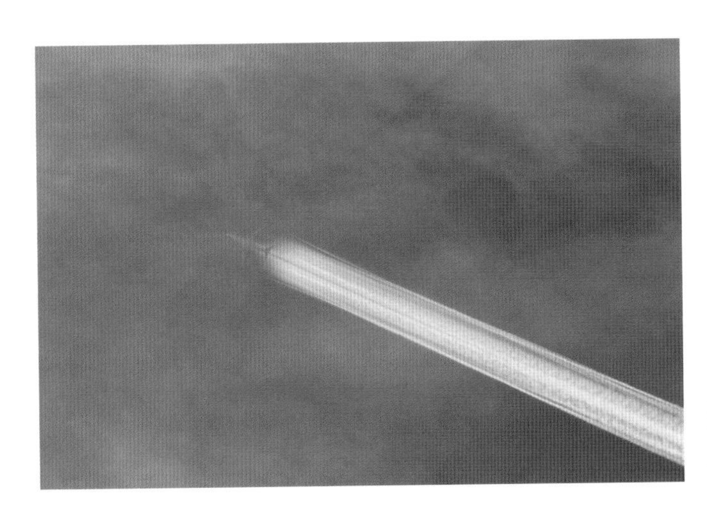

P3.12.1.1 凝結尾跡：
Simon Wong 2015/08/11 14:41
在香港國際機場拍攝

「凝結尾跡」（或「凝結尾」）是指飛機經過濕冷的空氣時所產生的尾跡。當飛機在高空飛行時，飛機引擎會不斷排放出熱的水蒸氣、廢氣和金屬微粒。當這些熱的氣體在飛行高度遇到周圍寒冷的空氣時，在合適條件下會急速冷卻並凝結成水滴，再凝固成冰晶，形成一條長長的尾巴，這便是凝結尾跡（或俗稱「飛機雲」）。凝結尾跡能在空中維持多久或是否能形成，與飛機飛行所在高度的空氣濕度有關。如果空氣非常乾燥，冰晶會昇華（即直接從固體變成氣體）變成看不見的水蒸氣。反之，若高空的空氣足夠潮濕，水滴或冰晶會維持很久甚至隨着高空的強風擴散出去。當凝結尾跡在空中持續至少 10 分鐘仍未消散時，我們會把它叫做「人造卷雲」（Cirrus homogenitus），但不再細分它的雲類、雲種或其他特徵。

P3.12.1.2 凝結尾跡：
譚廣雄 2020/04/30
13:02 在吐露港拍攝

3.12.2　其他人造雲 Other Homogenitus

除了凝結尾跡外，人類在工業生產過程中產生大量排放，如來自工廠煙囪或發電廠冷卻塔的上升熱氣流所產生的雲，亦屬人造雲。因應其形態和特徵，人造雲可賦予相應雲屬、雲種、雲類和附加特徵的名稱。例如，在工廠煙囪上方天空形成的積雲，可依它的形態，稱為「人造中積雲」（Cumulus mediocris homogenitus）或「人造濃積雲」（Cumulus congestus homogenitus）等。有時，人造濃積雲在往上發展的過程中遇到了逆溫層（即溫度隨高度上升而不降反升），雲不能再往上發展而被迫在水平方向擴展，形成一層「層積雲」，這層雲就會以它的母雲（積雲）為名，稱為「人造積雲性層積雲」（Stratocumulus cumulogenitus homogenitus）（P3.12.2.1）。

人造雲短片：

P3.12.2.1 人造雲：何碧霞 2017/10/01 07:51 在加拿大溫哥華（Vancouver, Canada）拍攝

來自工廠煙囪的上升熱氣流所產生的人造濃積雲。濃積雲在往上發展的過程中遇到了逆溫層，雲被迫在水平方向擴展，形成一層「層積雲」。

P3.12.2.2 人造雲：六郎 2021/03/20 07:41 在南丫島拍攝

3.12.3 凝結尾跡變形雲 Homomutatus

「凝結尾跡變形雲」（或稱「人為轉化雲」）形容持續在天空中的凝結尾跡（即人造卷雲），因受到大氣高層的強風影響，經過一段時間的擴展及內部轉化後，最終變成較自然的不同形態的卷狀雲。例子包括「凝結尾跡變形卷積雲」（Cirrocumulus homomutatus）及「凝結尾跡變形毛狀卷雲」（Cirrus fibratus homomutatus）等。

P3.12.3.1 凝結尾跡變形雲：陳美淑 2015/10/11 14:37 在中國戈壁沙漠拍攝

由飛機所產生的凝結尾跡，受到大氣高層的強風影響，衍變成較自然的卷雲和卷積雲。P3.12.3.1 左上方是「凝結尾跡變形毛狀卷雲」（Cirrus fibratus homomutatus），右上方和正中是「凝結尾跡變形卷積雲」（Cirrocumulus homomutatus）。照片下方正中還可看到未完全衍變的凝結尾跡。

3.13 山帽雲 Cap Clouds

P3.13.1 山帽雲（旗狀雲）：Jeffrey Poon 2015/08/01 20:46 在大澳獅山拍攝

「山帽雲」是「地形雲」（Orographic Clouds）的一種，它的外形活像一頂小帽子或磨菇，或是一粒小杏仁般靜止不動地蓋在孤立的山峰上。山帽雲其實亦屬於「莢狀雲」，有時更可以有多層堆疊在一起（P3.13.2），但它是蓋在山峰上，而不是像其他一般的莢狀雲在山峰的下風處形成（插圖 3.4.1）。

當暖濕的氣流受到地形阻擋沿山坡被迫抬升，在上升至足夠的高度時，當中的水汽便會冷卻凝結成雲。若山峰頂上的大氣相對穩定，便如天花板一樣把上升的雲壓住，雲不能再向上發展，氣流經過山峰便在背風坡下沉，雲會變薄和逐漸消散，結果便形成了扁平的圓頂狀山帽雲（插圖 3.13.1）。當高空的風力足夠強時，山帽雲部分會在背風處飄離山峰，像旗幟般在風中飄揚，這就是「旗狀雲」或「旗雲」（Banner Clouds）（P3.13.1）。

P3.13.2 山帽雲（在左邊的大東山上更有多層堆疊在一起的莢狀雲）：岑智明 2003/08/12 14:22 在香港國際機場拍攝

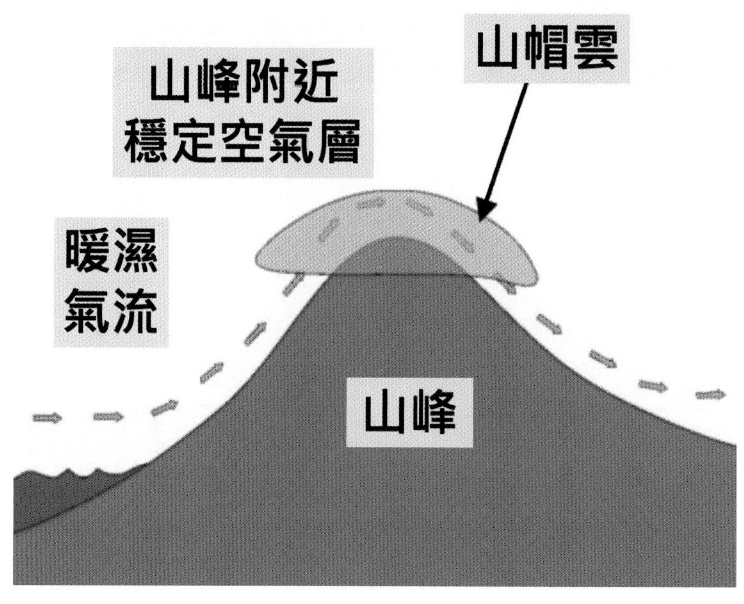

插圖 3.13.1 山帽雲形成的示意圖

P3.13.3 山帽雲：Tse Hon Ming
2019/04/21 10:50 在日本富士山拍攝

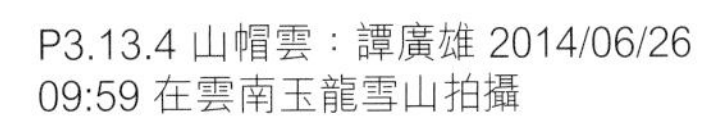

P3.13.4 山帽雲：譚廣雄 2014/06/26
09:59 在雲南玉龍雪山拍攝

P3.13.5 山帽雲：何碧霞
2016/07/21 12:09 在美國華
盛頓州瑞尼爾山（Mt. Rainier,
Washington, USA）拍攝

P3.13.6 山帽雲：Camille Lok 2021/08/13 06:35 在鳳凰山拍攝

山帽雲短片：

3.14 乳狀雲 Mamma

P3.14.1 乳狀雲：
Tam K W Dorothy
2019/07/06 20:34
在意大利拍攝

「乳狀雲」（又稱「乳房狀雲」）是 11 種雲的附加特徵之一，是倒吊在雲底下凸出的雲體，如囊狀或乳房狀，大小不一。乳狀雲可以在六種雲屬中出現，計有卷雲，卷積雲，高積雲，高層雲，層積雲和積雨雲，而最突出的例子便是從成熟的積雨雲頂端延伸出來的砧狀雲底部發展出來（P3.14.6）。有很多理論嘗試解析乳狀雲形成的原因，但到目前為止，科學家還未有一個肯定的答案。乳狀雲雖然並不十分罕見，但它的外形獨特，若是在日落時分，乳狀的輪廓突出，特別引人注目。

P3.14.2 乳狀雲：
何碧霞 2017/02/05
07:00 在元朗拍攝

P3.14.3 乳狀雲：Christon Lee
2017/07/22 05:52 在馬鞍山拍攝

P3.14.4 乳狀雲：楊國寶 2015/10/19 17:59 在維港上空拍攝

2015 年 10 月 19 日黃昏，香港上空被染得一遍紫紅色，而且出現了像魚鱗又像乳房狀的雲層。這一現像引起全城熱話，當時 CWOS 組員都在香港不同地方拍下了很多精彩照片，傳媒亦爭相報道。翻查當日的氣象資料，其實這現象與當日在香港東南面 800 公里附近的熱帶氣旋巨爵有關（插圖 3.14.1）。雖然當日香港受一股大陸氣流影響，天晴乾燥，但與巨爵相關的高雲沿着高空的風場由巨爵的中心向外擴展，影響華南沿岸（插圖 3.14.2）。根據紅外光衛星雲圖（雲的溫度）和高空觀測的資料顯示，當時影響香港的應該是一層雲底約在 10000 米的卷積雲。估計正是由於帶有冰晶的雨幡從卷積雲落下時迅速在附近乾燥的大氣中昇華（水由固態的冰晶迅速變為氣態），才形成這短暫出現的乳房狀卷積雲。根據 P3.14.4 的形態，雲的全名應叫做「乳狀波狀層狀卷積雲」（Cirrocumulus stratiformis undulatus mamma）。雖然漫天的卷積雲（俗稱「魚鱗天，不雨也風顛」）可以代表有壞天氣即將來臨，但這次巨爵卻在隨後兩天於呂宋海峽減弱為一個低壓區，沒有對香港的天氣帶來太大影響。

有關「魚鱗天，不雨也風顛」這個民間諺語的解說，請參考以下的香港天文台教育資源：

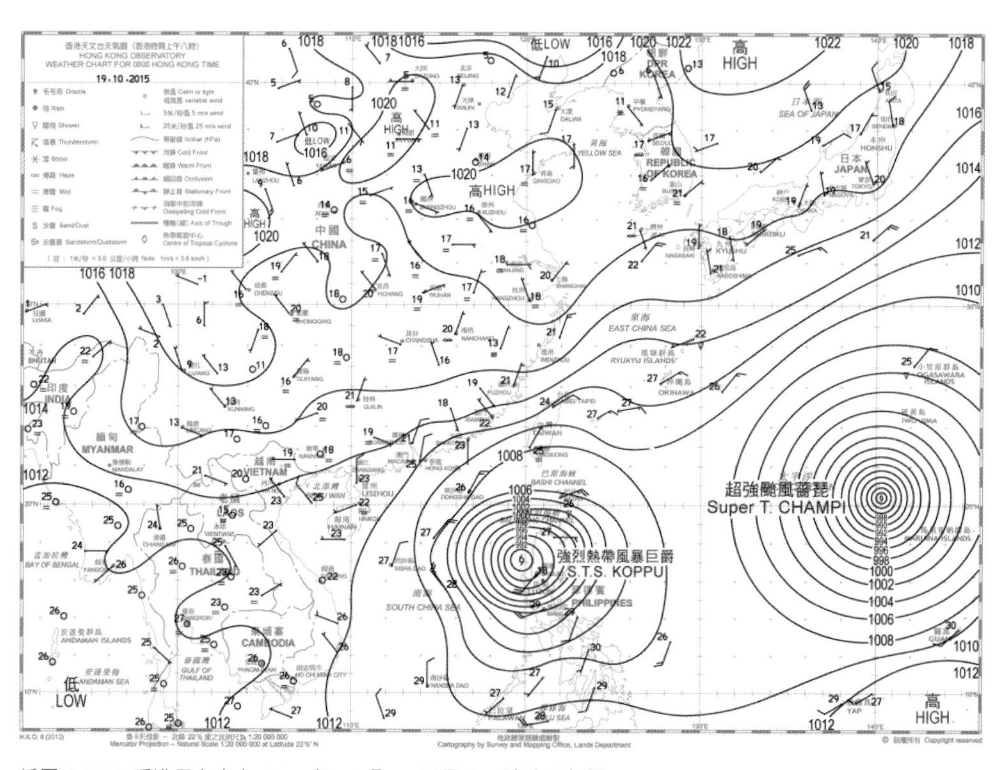

插圖 3.14.1 香港天文台在 2015 年 10 月 19 日早上 8 時的天氣圖

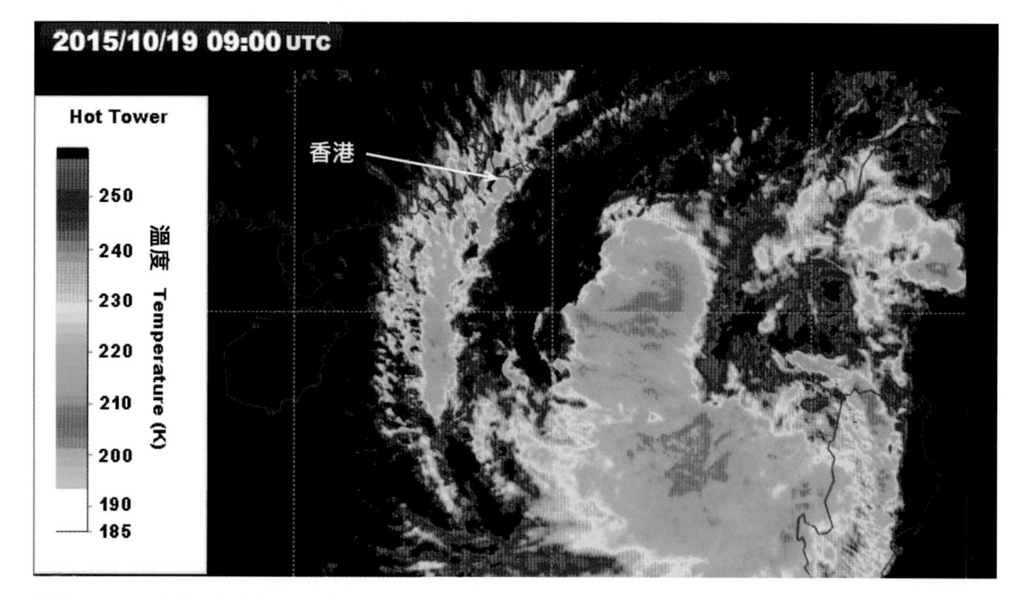

插圖 3.14.2 香港天文台在 2015 年 10 月 19 日下午 5 時的紅外光衛星雲圖（左邊圖例顯示不同顏色所代表雲層的不同絕對溫度（K））。熱帶氣旋巨爵中心正在呂宋以西的海面上，而與巨爵相關的高雲沿着高空的風場由巨爵的中心向外擴展，影響華南沿岸。（以上圖像接收自日本氣象廳 Japan Meteorological Agency（JMA）的 MTSAT 衛星）

P3.14.5 乳狀雲：
鄭楚明 2015/10/19 18:01
在尖沙嘴拍攝

P3.14.6 乳狀雲：何碧霞 2018/07/20 19:17 在大生圍拍攝

「乳狀砧狀積雨雲」（Cumulonimbus incus mamma）—— 日落時分的乳狀雲輪廓突出，特別引人注目。

3.15 砧狀雲 Incus

P3.15.1 砧狀積雨雲：何碧霞 2018/08/06 17:28 在元朗拍攝

「砧狀積雨雲」（Cumulonimbus incus）像一坐大山，頂部扁平像打鐵用的鐵砧，特別引人注目。

「砧狀雲」是 11 種雲的附加特徵之一，是積雨雲頂部向四周伸展出來的部分，形狀扁平像打鐵用的鐵砧，外觀光滑、呈纖維狀或條紋狀。積雨雲發展到成熟階段就會出現砧狀特徵，所以「砧狀積雨雲」（Cumulonimbus incus）可算是 「雲中之王」，它像一坐大山，會帶來傾盆大雨，冰雹，雷暴及閃電等，這就是為甚麼許多人也把它稱為「雷雨雲」。觀雲者若要看到砧狀雲的全貌，一般都要距離積雨雲數公里甚至幾十公里遠。砧狀雲越大，代表雷暴越強。

砧狀積雨雲是如何形成的呢？首先，積雨雲通常由較大的積雲（如濃積雲）發展出來。只要不斷有暖濕的氣流補充和雲團周圍的大氣仍然處於不穩定狀態（即溫度隨高度增加而下降），積雲便會不斷向上發展，演變成雲頂帶有較軟的毛狀輪廓（由冰晶產生），這就標誌着從積雲發展到積雨雲了。當積雨雲繼續向上發展，最終抵達「對流層頂」（Tropopause），那裏的溫度開始隨高度增加而上升，形成逆溫層，如天花板一樣把上升的雲壓住，迫使雲在水平方向往四面八方散佈，逐漸形成像鐵砧狀的砧狀雲。不過，有時在強烈雷暴中會出現高速的上升氣流，使部分雲頂超過對流層頂高度而進入平流層，這部分稱為「上沖雲頂」（Overshooting Top）。

P3.15.2 砧狀積雨雲：Jeffrey Poon 2013/07/29 19:34 在大陰頂拍攝

「砧狀積雨雲」（Cumulonimbus incus）中出現雲間閃電。

P3.15.3 砧狀積雨雲：
六郎 2015/07/05 17:44
在沙頭角拍攝

P3.15.4 砧狀積雨雲：
Rita Ho 2017/08/26 15:57
在土瓜灣拍攝

P3.15.5 砧狀積雨雲：
何碧霞 2018/07/28 19:05
在元朗拍攝

3.16 輻輳狀雲 Radiatus

P3.16.1 輻輳狀雲：李子祥 2012/12/15 14:55 在尖沙咀拍攝

「輻輳狀雲」是 9 種雲類之一，長長的雲體成平行條狀分佈，由於透視的影響，這些雲帶看起來像匯聚於地平線上的一個點。輻輳狀雲可在高中低三個雲族出現，計有卷雲、高積雲、高層雲、層積雲及積雲。

平行的條狀雲帶是沿着雲帶所在高度的風向而形成，這有別於垂直於風向而形成的波狀雲。

當輻輳狀出現在積雲或層積雲而又大面積地把天空覆蓋時，就被稱為「雲街」。較為精彩的要算是輻輳狀卷雲（P3.16.2，P3.16.4 及 P3.16.5）。由於受高空急流影響，這種雲可以擴展至很遠的地方。當這些如絲狀的雲帶穿過整個天空時，由於透視的影響，雲帶就好像在觀察者頭頂鼓起，在向地平線上的兩個相反點（又稱為「輻射點」）匯聚似的。它在天空中形成美麗的畫面，是賞雲者的寵兒。

P3.16.2 輻輳狀雲：李子祥 2006/07/21 13:30 在日本北海道拍攝

P3.16.3 輻輳狀雲：田進福 2017/05/28 06:26 在大東山拍攝

P3.16.4 輻輳狀雲：譚廣雄 2016/03/03 16:06 在大帽山拍攝

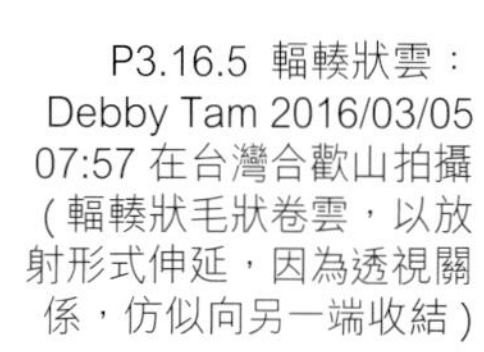

P3.16.5 輻輳狀雲：Debby Tam 2016/03/05 07:57 在台灣合歡山拍攝（輻輳狀毛狀卷雲，以放射形式伸延，因為透視關係，仿似向另一端收結）

3.17 絮狀雲 Floccus

P3.17.1 絮狀雲：譚廣雄 2015/11/16 16:15 在日本京都拍攝

「絮狀雲」是 15 種雲種之一，它的每個雲體像是一小簇積狀雲，其下部或多或少呈破碎狀並且通常伴有幡狀雲。絮狀雲出現在卷雲、卷積雲，高積雲和層積雲等雲屬，在高積雲中出現的尤為精彩。絮狀高積雲像一團團小棉花，若下部伴有雨幡，參差不齊的成堆出現，像一群飛行中的小水母，甚是可愛。

P3.17.2 絮狀雲：莫慶炎 2016/06/29 12:06 在美國夏威夷檀香山（Honolulu, Hawaii, USA）拍攝

幡狀絮狀高積雲（Altocumulus floccus virga）像一團團小棉花，雲底附着傾斜的雲絲（雨幡），看似一群飛行中的小水母，非常可愛。

P3.17.3 絮狀雲：Cammy Li 2019/01/10 09:10 在佐敦拍攝

P3.17.4 絮狀雲：譚廣雄
2015/11/16 16:15
在日本京都拍攝

P3.17.5 絮狀雲：何碧霞 2017/10/09 15:54 在加拿大溫哥華（Vancouver, Canada）拍攝

3.18 脊狀雲 Vertebratus

P3.18.1 脊狀雲：
胡文心 2018/04/09 18:49
在馬鞍山拍攝

「脊狀雲」是 9 種雲類之一，它的形狀看似脊椎骨，肋骨或魚骨，主要出現在卷雲中。

它的出現，很多時都跟飛機的凝結尾跡有密切關係。當凝結尾跡受高空強風影響而擴散及變形，最後發展成較自然的脊狀卷雲，我們可冠以「人為轉化脊狀卷雲」（Cirrus vertebratus homomutatus）的名稱。

P3.18.2 脊狀雲：譚廣雄 2019/12/09 13:53 在大埔拍攝

3.19 管狀雲 Tuba

P3.19.1 管狀雲：Simon Wong 2017/06/09 18:26 在西貢拍攝

2017 年 6 月 9 日西貢附近出現了管狀雲，除了有 CWOS 組員拍攝到外（P3.19.1），香港天文台在西貢及橫瀾島的實時天氣攝影機都在差不多時間拍攝到從積雨雲雲底延伸出來的管狀雲（P3.19.2 及 P3.19.3）。（插圖 3.19.3）是同日下午 6 時 24 分的香港天文台雷達圖像，可見在雷達圖像中管狀雲位置附近只出現很細小和微弱的雨區。看來，志願觀測員和實時天氣攝影機確實可以幫助我們監察一些特別的天氣現象，補充常規的天氣觀測。

「管狀雲」又稱為「漏斗雲」（Funnel Clouds），是 11 種雲的附加特徵之一，是指由雲底向下延伸出來的雲柱或倒轉的雲錐，陰暗的雲底及像漏斗的雲錐顯示有一強旋渦存在。管狀雲通常伴隨着積雨雲和積雲出現，但在積雲中較少見。當管狀雲由積雨雲的雲底一直延伸到地面，就是龍捲風（Tornado），若延伸到海面上，便是水龍捲（Waterspout）。在香港，管狀雲和水龍捲都較少見，而龍捲風則更加罕見。根據香港天文台的紀錄，在香港境內的水龍捲及龍捲風只出現在 5 至 10 月（見插圖 3.19.1 及 3.19.2）。

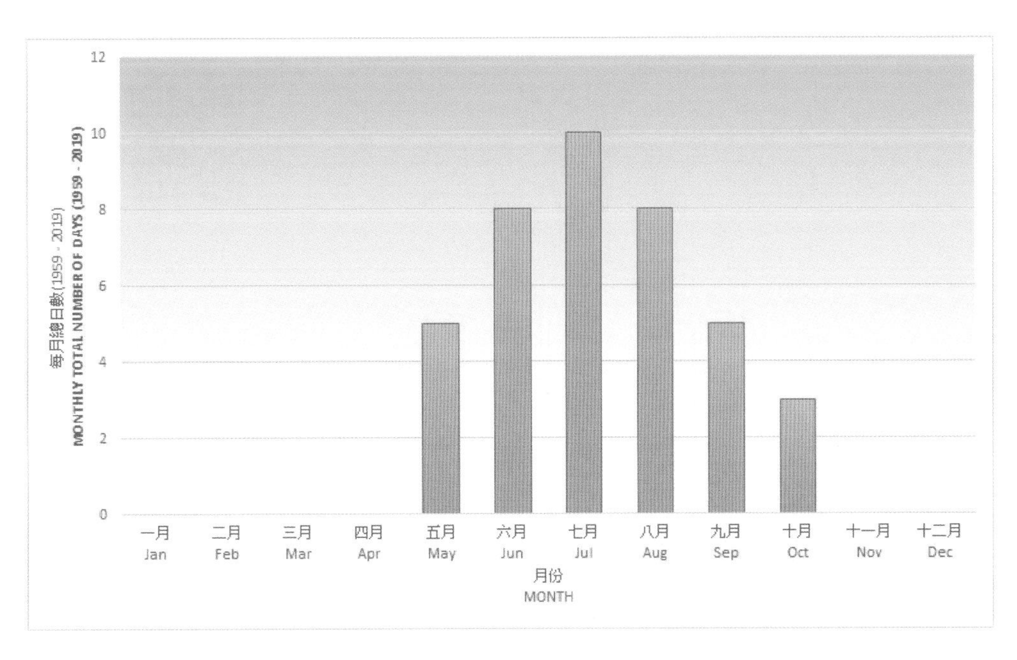

插圖 3.19.1 香港天文台錄得的每月總水龍捲報告日數（1959 至 2019 年合共只有 39 次；出現次數最多的是 2003 年 7 月，共 4 次）

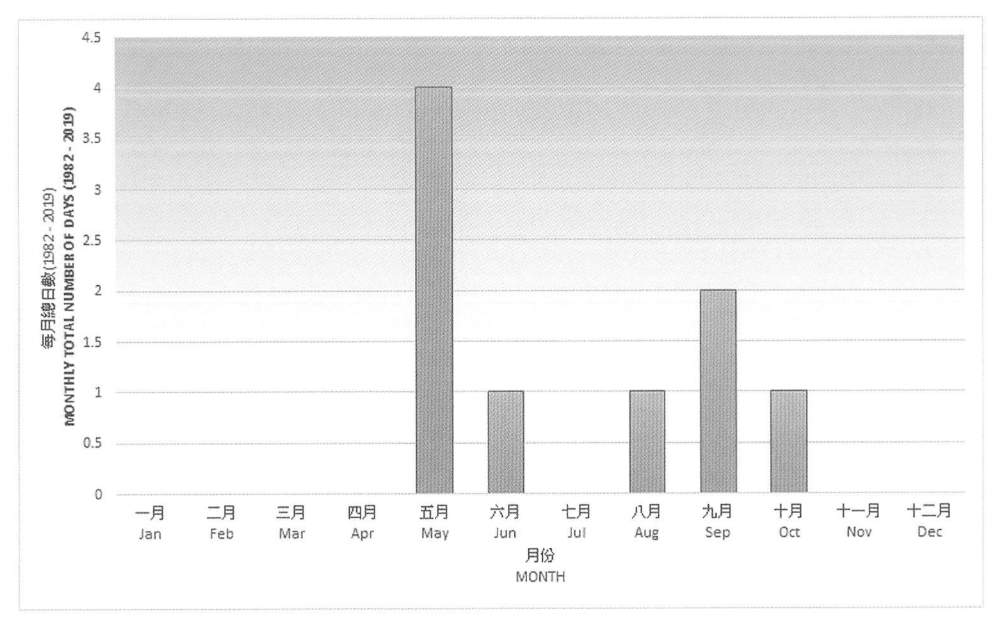

插圖 3.19.2 香港天文台錄得的每月總龍捲風報告日數（1982 至 2019 年合共只有 9 次，在這段期間的 5 至 10 月每月最多出現次數不多於 1 次）

有關龍捲風的基本知識，可參考香港天文台教育資源的以下短片：

龍捲風暴（1）：　　　　龍捲風暴（2）：

有關管狀雲及龍捲風形成的簡單解說，

可參考英國氣象局（UK Met Office）的以下短片：

P3.19.2 管狀雲：天文台實時天氣攝影機 2017/06/09 18:25 在西貢水警東警署拍攝

P3.19.3 管狀雲：天文台實時天氣攝影機 2017/06/09 18:25 在橫瀾島拍攝

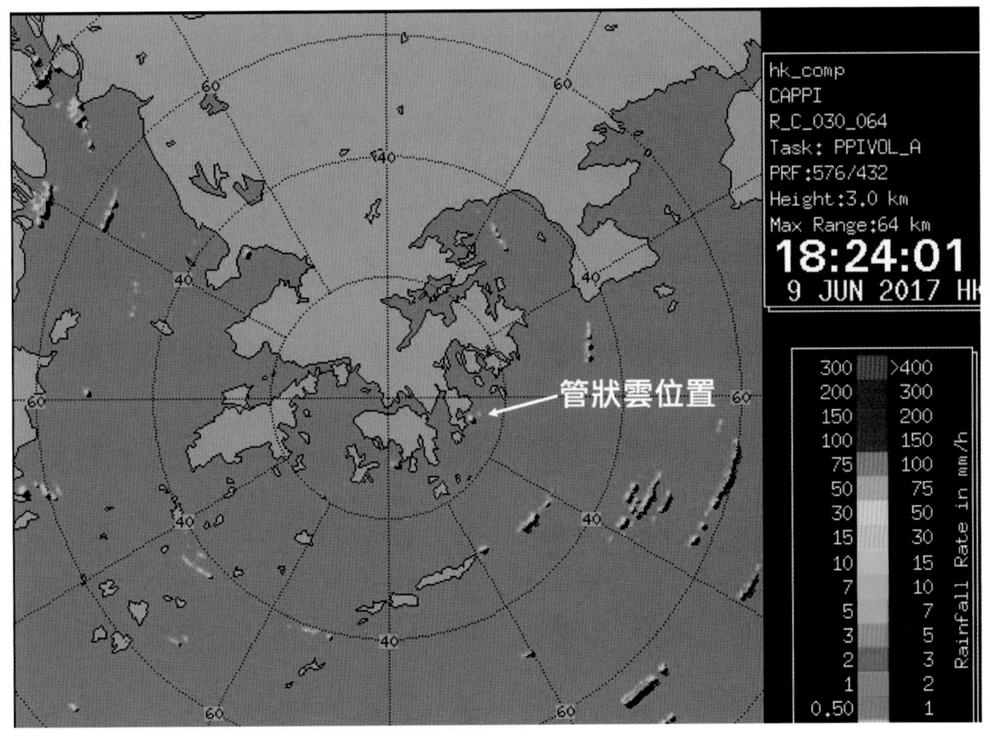

插圖 3.19.3 2017 年 6 月 9 日下午 6 時 24 分的香港天文台雷達圖像

P3.19.4 管狀雲：六郎 2012/05/15 15:59 在元朗拍攝

P3.19.5 水龍捲：Susanna Choi 2018/06/07 18:42 在薄扶林往長洲方向拍攝

P3.19.6 水龍捲：Susanna Choi 2018/06/07 18:43 在薄扶林往長洲方向拍攝

2018 年 6 月是出現水龍捲比較多的一個月，共有 3 次報告。在 6 月 7 日，長洲附近出現了水龍捲，除了有 CWOS 組員拍攝到外（P3.19.5 及 P3.19.6），香港天文台在長洲的實時天氣攝影機都在差不多時間拍攝到從積雨雲雲底延伸出來的水龍捲（P3.19.7 及 P3.19.8）。插圖 3.19.4 是同日下午 6 時 42 分的香港天文台雷達圖像，從圖中可見當時長洲附近有零散雨區，但當日黃昏香港境內並沒有閃電記錄。天文台的實時天氣攝影機又一次幫助我們監察到這些難得一見的特別天氣現象。

P3.19.7 水龍捲：天文台實時天氣攝影機 2018/06/07 18:45 在長洲自動氣象站拍攝

P3.19.8 水龍捲：天文台實時天氣攝影機 2018/06/07 18:45 在長洲東灣拍攝

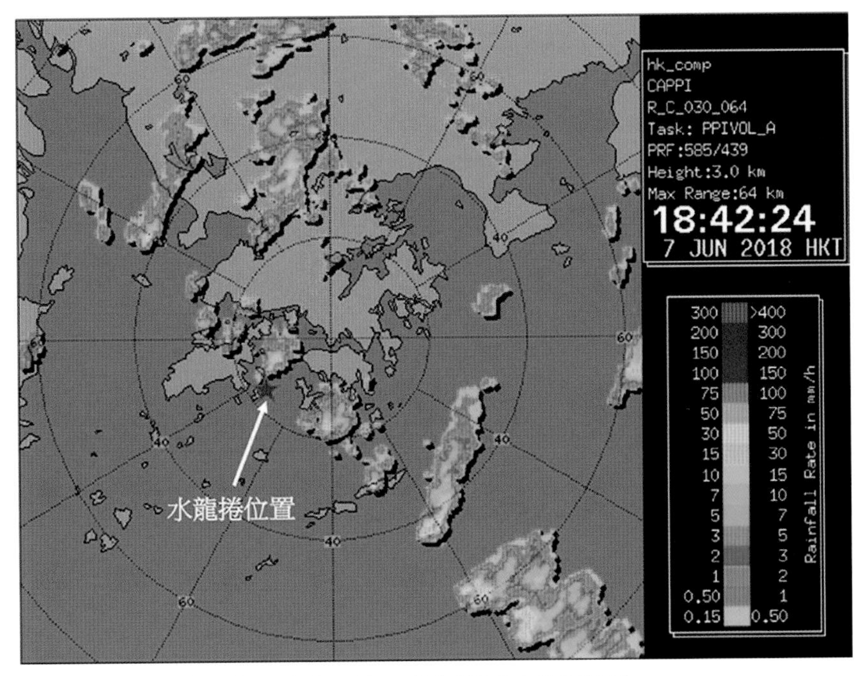

插圖 3.19.4 2018 年 6 月 7 日下午 6 時 42 分的香港天文台雷達圖像

3.20 雲洞 Cavum

P3.20.1 雲洞（雨幡洞）：何碧霞 2018/12/31 13:02 在加拿大溫哥華（Vancouver, Canada）拍攝

雲洞剛形成的模樣：它初期是在層狀雲中穿出來的一個細小的洞，下面出現雨幡。雲洞通常會隨着時間而逐漸擴大。

「雲洞」是 11 種雲的附加特徵之一，亦是在 2017 年版國際雲圖中才被正式定義的新附加特徵，但它更廣為人知的別名叫「雨幡洞」（Fallstreak Hole），因雲洞底下往往會形成幡狀的雲絲（雨幡）。雨幡洞是在薄的層狀雲中出現的洞，從洞的正下方觀察時，它一般是圓形的，而從遠方觀察時，它看起來卻可以是橢圓形的。雨幡洞一般會隨着時間而逐漸擴大，它主要出現在高積雲中，其次是卷積雲，甚少出現在層積雲。

雨幡洞是在一層含有過冷水滴的薄雲中形成。過冷水滴是在冰點（攝氏零度）以下仍未能結冰的液態狀的水，它的形成是由於空氣中缺乏凝結核。當過冷水滴遇到外來的干擾，主要是由飛機經過雲層時所產生的氣流擾動，水滴便會開始冷卻成冰晶，跟着引發連鎖效應，令附近的水滴都迅速結成冰晶。當這些冰晶變得較重時，便會下墜，並在雲層中留下一個洞。由於下墜的冰晶會不斷溶解和蒸發，洞的底下便會形成一絲絲旗幡似的條紋，那便是「幡狀卷雲」（Cirrus virga）（插圖 3.20.1）。

當飛機直接穿過薄的層狀雲時，它所排出的熱氣蒸發了雲層裏的水滴，在層狀雲中造成一條像被飛機劃破的直線痕跡，這種雨幡洞便是「消散尾跡」（Dissipation Trail 或簡稱 Distrail）。消散尾跡亦可以是當飛機經過含有過冷水滴的層狀雲時，其所造成的空氣擾動引致雲內的過冷水滴凝結成冰晶，在飛機飛過後在層狀雲留下的一道無雲的縫隙。與一般的雨幡洞一樣，消散尾跡的直線無雲縫隙會隨着時間而逐漸擴闊，而擴闊的縫隙下亦會出現雨幡。

雨幡洞可說是賞雲者的寵兒，特別是雲洞下面出現的幡狀卷雲，若太陽剛好在適當的位置，很多時都會帶來令人驚喜的光學現象，如幻日等（P3.20.8）。若有薄薄的層狀雲出現，特別是在機場飛機升降的航道附近，賞雲者便要留意雨幡洞的出現了。

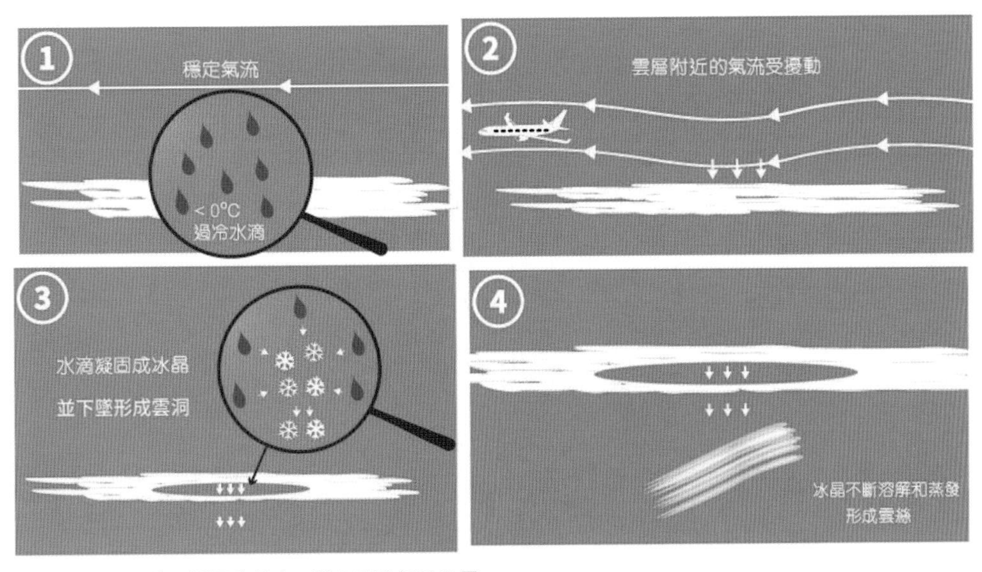

插圖 3.20.1 形成雨幡洞的其中一種主要途徑示意圖

P3.20.2 雨幡洞：李子祥 2015/01/19 08:30 在觀塘拍攝

2015 年 1 月 19 日早上，香港上空在短短的一兩個小時內出現了至少三個雨幡洞，很多市民和 CWOS 組員都在不同地方拍攝到這一奇特現象，大家都嘖嘖稱奇，這種罕見的現象成為當時的城中熱話，被傳媒廣泛報導。P3.20.2 及 P3.20.3 是在香港市區拍攝到的雨幡洞照片，香港天文台在石壁及鶴咀的全天影像攝影機亦拍到當時的情況（P3.20.4 及 P3.20.5），並把整個過程記錄下來。另外，從衛星雲圖亦可看到當時雨幡洞由西向東經過香港的情況（插圖 3.20.2）。

有關當日雨幡洞的詳細介紹可參考
香港天文台「氣象冷知識」：別有洞天

有關香港天文台在石壁及鶴咀的全天影像攝影機拍攝到雨幡洞經過香港的整個過程請參考以下短片：

石壁全天影像攝影機：

鶴咀全天影像攝影機：

P3.20.3 雨幡洞：李子祥 2015/01/19 09:07 在尖沙咀天文台總部拍攝

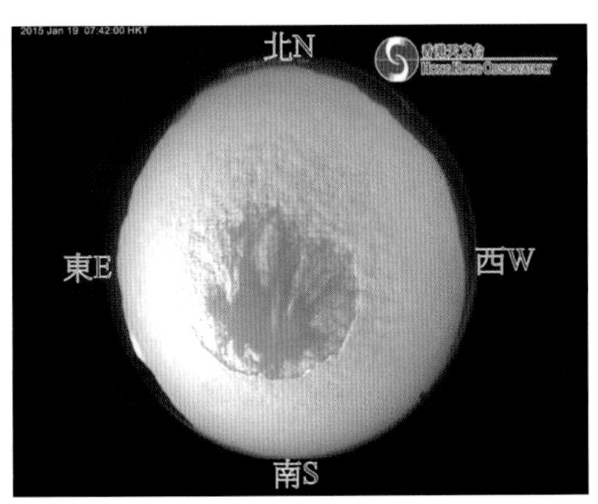

P3.20.4 天文台全天影像攝影機：2015/01/19 07:42 在石壁拍攝

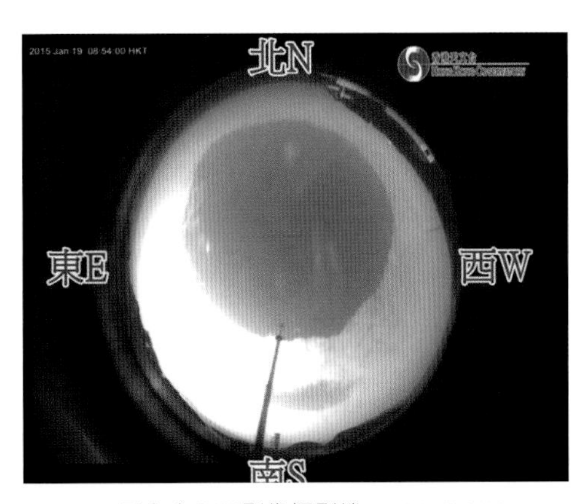

P3.20.5 天文台全天影像攝影機：2015/01/19 08:54 在鶴咀拍攝

插圖 3.20.2 2015 年 1 月 19 日上午 9 時日本氣象廳 Japan Meteorological Agency（JMA）的 MTSAT 衛星拍攝到香港上空出現的「雨幡洞」（黃圈位置）

P3.20.6 雨幡洞：Cora Cheng 2019/04/24 07:21 在香港國際機場拍攝

P3.20.7 雨幡洞：六郎 2016/12/05 14:54 在大埔拍攝

P3.20.8 雨幡洞：何碧霞 2019/12/09 09:23 在元朗拍攝

在雨幡洞底下的幡狀卷雲中出現的幻日（太陽位置右側）。

P3.20.9 消散尾跡：
Caroline Lai 2020/01/10
10:48 在中環拍攝

P3.20.10 消散尾跡：
何碧霞 2020/04/27 17:24
在元朗拍攝

3.21 霧 Fog

根據國際雲圖的分類，嚴格來説，「霧」不算是雲。霧和雲的形態和結構大致相同，分別只在於其形成的地點和過程。但作為一本雲書，如未能包括令賞雲愛好者着迷的霧，確實令人遺憾，所以本書還是把幾類常見的霧逐一介紹。

霧是懸浮在近地面的空氣中非常微細的水滴，能使能見度下降。霧形成的基本條件是近地面的空氣中水汽充沛，並存在使水汽凝結的冷卻過程。我們常聽見「霧」與「薄霧」，它們是如何界定的呢？根據國際雲圖的定義，水氣凝結物令水平方向的能見度下降至一千米以下時便稱為「霧」。至於「薄霧」，世界各地界定的準則不盡相同。在香港，當水平方向的能見度在一千至五千米之間，就稱為「薄霧」。

根據不同的冷卻過程，霧又可分為「平流霧」、「輻射霧」、「蒸發霧」、「上坡霧」、「鋒面霧」、「山霧」及「凍霧」等。本書只揀選了部份在香港常見的霧加以説明，有關不同類型的霧的詳情請參考國際雲圖以下網頁：

3.21.1 平流霧 Advection Fog

P3.21.1.1
平流霧（海霧）：
Jeffrey Poon
2016/02/13 09:34
在汀九橋拍攝

「平流霧」是暖濕空氣流經冷的下墊面時逐漸被冷卻而形成的。海洋上暖而濕的空氣流到較冷的陸地或海面上時，都可以形成平流霧或我們常說的「海霧」（Sea Fog）（插圖 3.21.1.1）。香港每年春季都會出現海霧，它對航海和航空交通均有很大影響。以下的條件有利於平流霧的形成和持續：

（一）暖濕空氣與陸地或海面的溫差較大；

（二）暖濕空氣的濕度高；

（三）大氣較穩定；

（四）適宜的風向及風速。

插圖 3.21.1.1 平流霧形成示意圖（資料來源：香港天文台教育資源網頁）

P3.21.1.2 平流霧（海霧）：Jeffrey Poon 2016/02/14 10:10 在青馬大橋拍攝

2016 年 2 月 13 日整日及 2 月 14 日早上，香港受一股暖濕的偏南氣流影響（插圖 3.21.1.2 及 3.21.1.3），天氣和暖及潮濕，各區都受濃霧影響，P3.21.1.1 及 P3.21.1.2 是當時 CWOS 組員拍攝到的海霧情況。根據當時的氣象資料顯示，這股潮濕溫暖的氣流的露點[1] 在 22 度左右，而當時香港海域的海水溫度普遍在 15 至 16 度左右。由於這較大的溫差，使得這股暖濕氣流在移至近岸的海面時，氣溫迅速下降而導致空氣中的水汽凝結成小水滴，形成廣泛的海霧。另一方面，當時香港普遍吹微弱的偏南風，風力在每小時 10 公里或以下，從插圖 3.21.1.4 亦可看見 2 月 14 日早上 8 時在 200 米處有一逆溫層出現。正是由於這些原因，厚厚的海霧形成後便持久不散。

1 - 露點是在固定的氣壓下，空氣中所含的氣態水達到飽和而凝結成液態水所需要降至的溫度。

日期/Date: 13.02.2016 香港時間/HK Time: 08:00 香港天文台 Hong Kong Observatory

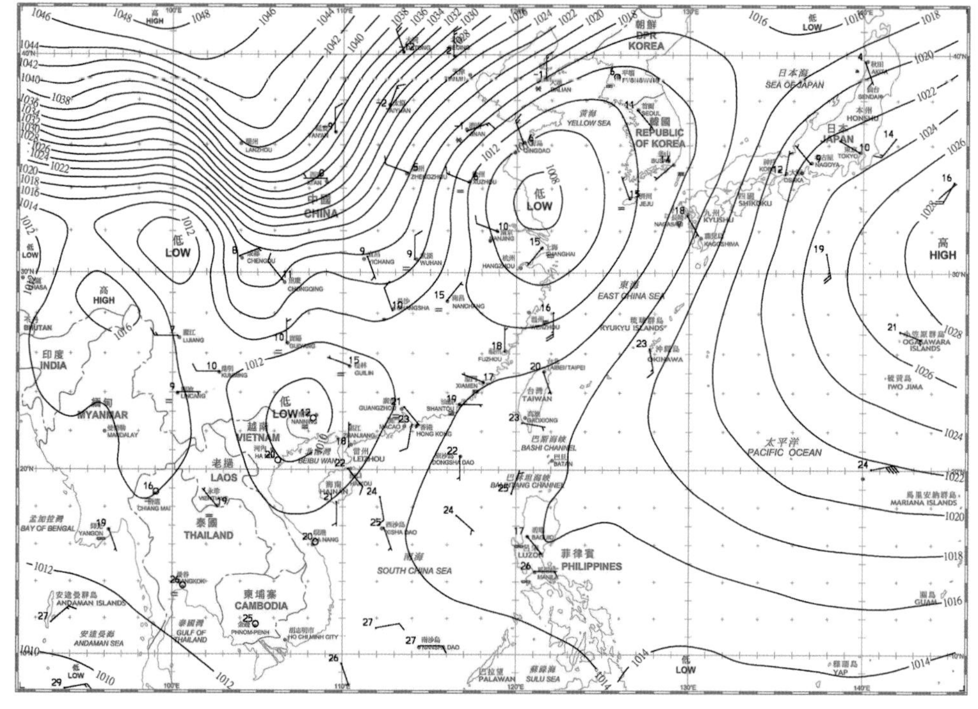

插圖 3.21.1.2 2016 年 2 月 13 日早上 8 時的天氣圖

日期/Date: 14.02.2016 香港時間/HK Time: 08:00 香港天文台 Hong Kong Observatory

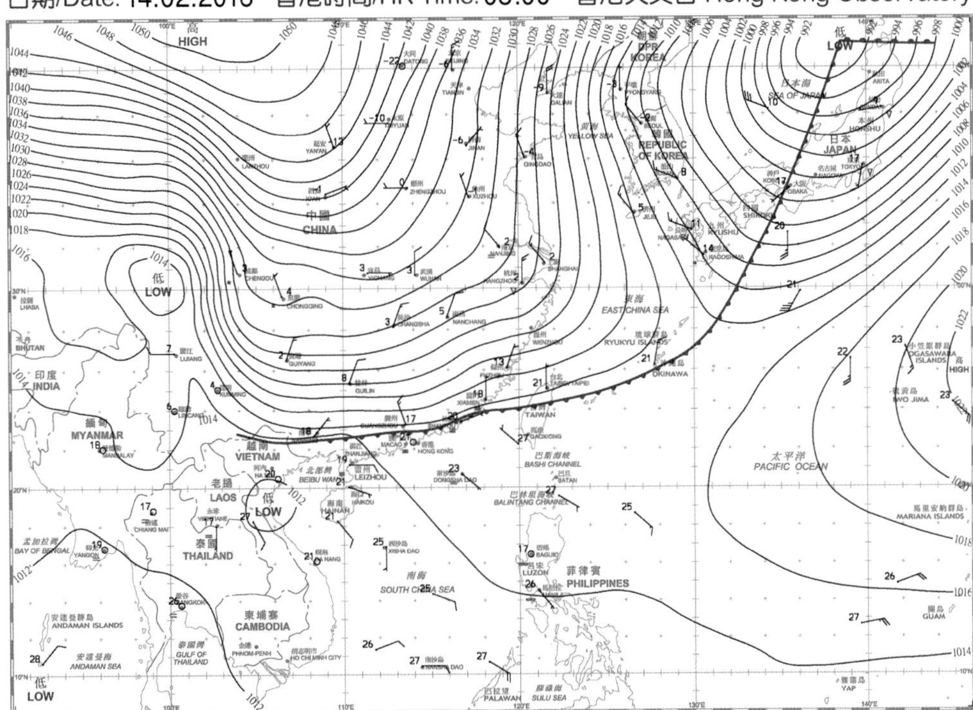

插圖 3.21.1.3 2016 年 2 月 14 日早上 8 時的天氣圖

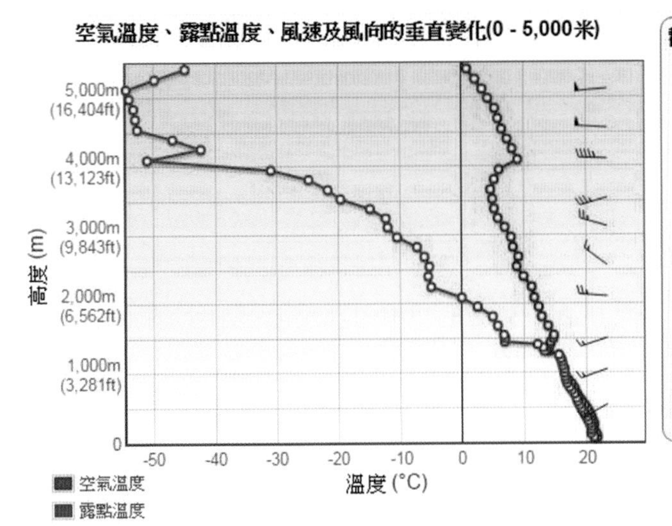

觀測提示：

i. 在某一高度上，空氣溫度及露點溫度的相差(氣溫露點差)可顯示該高度附近空氣的濕潤程度。當氣溫露點差接近0°C時，通常便產生雲或霧。因此，氣溫露點差是一個很好的指標來估算雲底高度。

ii. 一般而言，氣溫會隨高度增加而下降。但逆溫層表示空氣溫度隨高度的增加而上升。當逆溫層出現時，該層之下的空氣會較為穩定，而空氣的垂直運動亦受到抑制。逆溫層通常有利大氣低層產生霧及煙霞。

插圖 3.21.1.4 2016 年 2 月 14 日上午 8 時香港天文台京士柏氣象站進行高空觀測量度到的溫度、露點、風速及風向的垂直變化

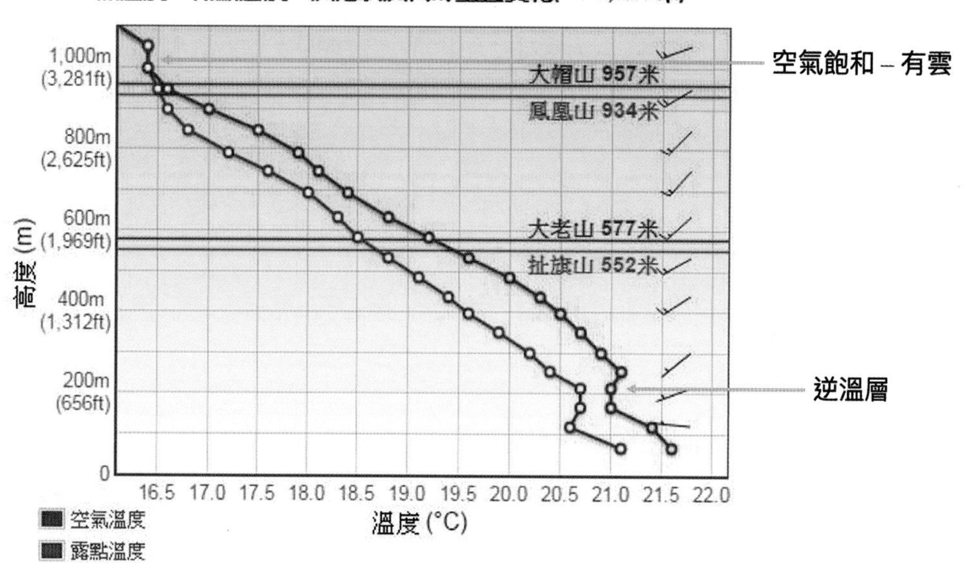

插圖 3.21.1.4 2016 年 2 月 14 日上午 8 時香港天文台京士柏氣象站進行高空觀測量度到的溫度、露點、風速及風向的垂直變化。

P3.21.1.3 平流霧（海霧）：張崇樂 2014/02/07 07:11 在大帽山拍攝

P3.21.1.4 平流霧（海霧）：陳美淑 2016/04/06 19:03 在太平山頂拍攝

P3.21.1.5 平流霧：何碧霞 2011/08/28 11:37 在美國華盛頓州（State of Washington, USA）拍攝

3.21.2 蒸發霧 Evaporation Fog

P3.21.2.1 蒸發霧：Matthew Chin 2017/2/12 07:47 在流水響水塘拍攝

Matthew Chin：「當天早上 8 時左右在流水響水塘看到的霧景，霧像由南至北湧進湖面，左方岸邊看到一枝枝像柱狀的霧，我是首次在這裏看到的。我將這張照片與當時的情景和譚廣雄研究後，才得知這是蒸發霧。」

譚廣雄：「經詳細研究，我估計當日水塘的水溫不會太低，應比氣溫高，因 2 月 11 日天晴，該區高溫有 18 至 19 度，水溫因此不會太低。2 月 12 日早上 7 時左右，該區附近的氣象站氣溫均降至最低的 6 至 7 度，和露點相當接近。水塘水溫相對周圍的空氣溫度較高且水汽充足，強烈的蒸發作用在湖面形成了霧，這種霧英文正名叫 "Evaporation Fog"，中譯可叫『蒸發霧』。」

當穩定的冷空氣流過比它暖得多的水體時，暖水體蒸發使上方的冷空氣達到飽和，水汽在冷空氣中凝結便形成「蒸發霧」，又稱「蒸汽霧」（Steam Fog）或「冷平流霧」（Cold Advection Fog）。常見的例子是在非常寒冷的天氣下，在海洋或湖泊上偶然看到水面盪漾着一股向上蒸騰的煙，這就是蒸發霧。在極地地區的蒸發霧又叫「北冰洋海霧」（Arctic Sea Smoke）。

P3.21.2.2 蒸發霧：何碧霞 2017/10/25 17:23 在加拿大溫哥華（Vancouver, Canada）拍攝

3.21.3 輻射霧 Radiation Fog

P3.21.3.1 輻射霧：六郎 2016/11/14 06:46 在南生圍拍攝

在夜間由於輻射冷卻的作用，地面迅速散熱，近地面的降溫較快，空氣溫度隨高度增加而遞增，形成逆溫層，使大氣變得穩定。若水汽充足時，近地面空氣冷卻至接近露點而凝結成小水滴，便會形成「輻射霧」。在內陸地區、山谷和低窪地方，特別是在冬天，在晴朗無雲且風勢微弱的晚上，輻射冷卻效應最顯著，最易形成輻射霧。日出前，由於地面溫度達到最低，輻射霧亦最為濃厚；日出後，地面溫度逐漸回升，接近地面的輻射霧開始蒸發。當升溫持續，大氣的穩定度亦會降低，輻射霧便會消散。

3.21.4 上坡霧 Upslope Fog

P3.21.4.1 上坡霧：六郎 2014/04/09 06:36 在林村大刀屻徑拍攝

當空氣沿山坡向上爬升，由於氣溫隨高度上升而下降，空氣中的水汽會冷卻而凝結成小水滴，產生如 P3.21.4.1 的「上坡霧」。

3.22 其他形態的雲 Other Forms of Clouds

天空的雲，會隨着不同的天氣情況和地理環境，產生不同的形態，而且不斷隨時間而變化。有時，有些雲的形態只是短暫出現，稍縱即逝，雖然賞雲者或會給予它們一些特別的名稱，但在國際雲圖的分類中亦未必有正式命名。本書收集了 CWOS 組員拍攝的一些較罕見的雲，讓大家欣賞它們的美態。

P3.22.1 馬蹄渦旋（Horseshoe Vortex）：Matthew Chin 2019/10/06 06:51 在元朗拍攝

Matthew Chin：「這照片中間上方的馬蹄狀雲是我首次遇見，它只存在約幾分鐘便消散了。」

顧名思義，「馬蹄渦旋」（Horseshoe Vortex）的外形，呈英文字母的「n」，「c」或「u」字，它活像一隻馬蹄飄浮在天空中，因它出現的時間非常短暫，稍縱即逝，所以是比較罕見的。

P3.22.2 馬蹄渦旋（Horseshoe vortex）：何碧霞 2018/12/04 17:23 在加拿大溫哥華（Vancouver, Canada）拍攝

何碧霞：「這些馬蹄渦旋是由飛機的凝結尾跡衍生而來，每顆雲就像小跳豆一樣可愛。」

P3.22.3 尾流渦旋（Wake vortex）：Simon Wong 2014/07/13 18:29 在香港國際機場拍攝

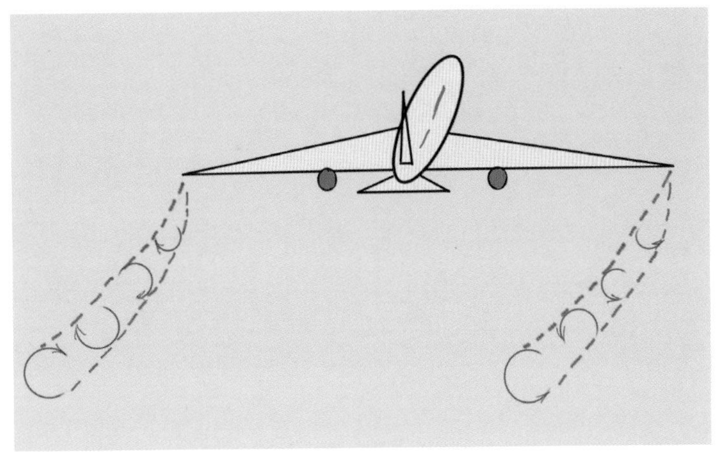

插圖 3.22.1
尾流渦旋形成示意圖

當飛機飛行時，由於機翼底的氣壓比翼面高，位於翼尖的氣壓差會產生渦旋。這些渦旋疊加在一起，便形成一條尾流。飛機尾流主要由一對呈相反方向的渦旋組成（插圖 3.22.1），當飛機飛過雲團時，尾流渦旋便有機會呈現出來。

P3.22.4 方形的雲塊：
Nero Sin 2018/01/11
10:56 在東莞拍攝

這幅在東莞拍攝的方形雲塊，其實和一道稱為「西風槽」的「高空擾動」有關。西風槽在2018年1月11日早上從西至東移經香港的經度附近時，槽後方（槽的西面）較乾燥的空氣由高空往下沉，中國東南沿岸便出現晴朗的天氣。插圖 3.22.2 的可見光衛星雲圖清晰可見當日早上晴空與雲的邊界就在廣東沿岸以南的海面上，但仍有一條長長的雲帶從東莞以西一直往西北方向延伸。

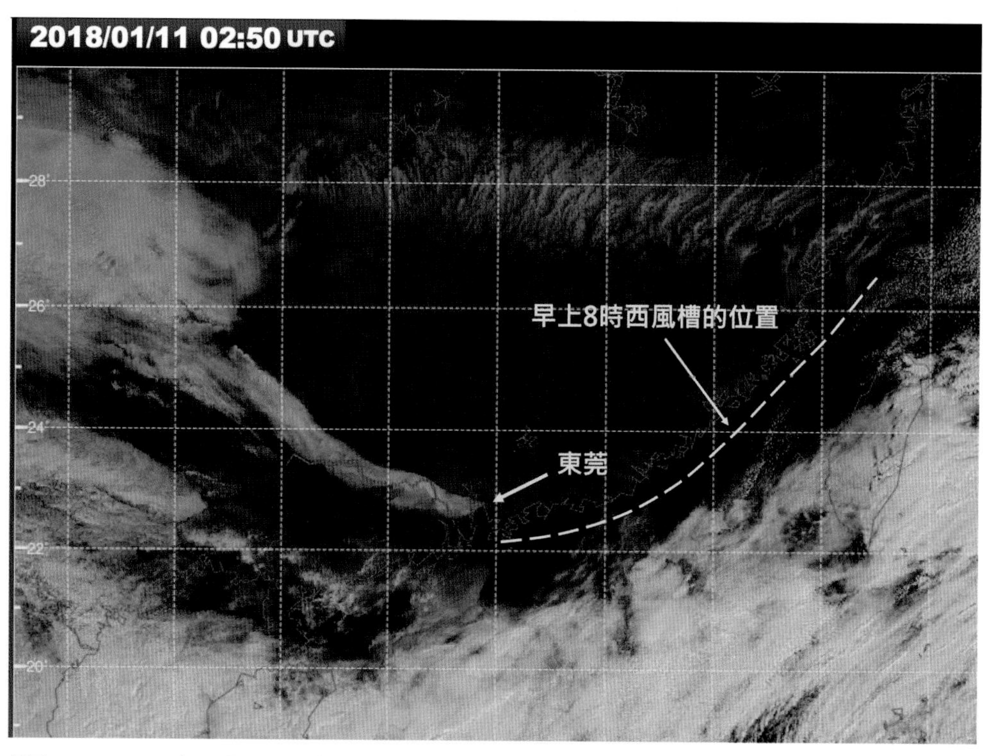

插圖 3.22.2　2018 年 1 月 11 日上午 10 時 50 分香港天文台的可見光衛星雲圖
（以上圖像接收自日本氣象廳 Japan Meteorological Agency（JMA）的向日葵 8 號衛星）

4

大氣光學現象
Atmospheric Optical Phenomena

4.1 暈現象 Halo Phenomena

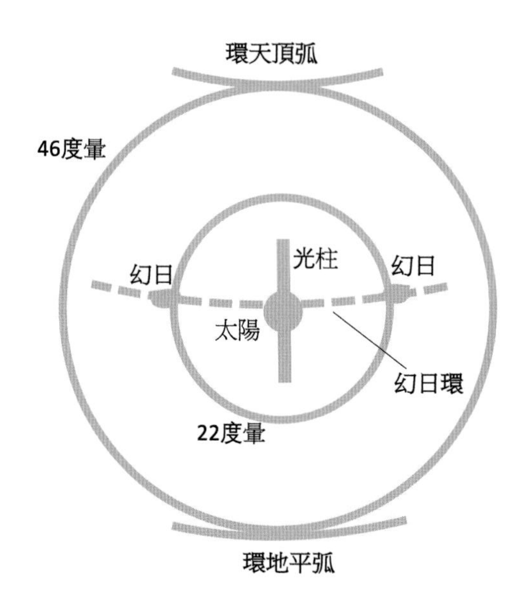

插圖 4.1　光被懸浮在大氣中的冰晶反射或折射而形成的各種暈現象

「暈現象」是指當來自太陽或月亮的光線被懸浮在大氣中的冰晶（如卷狀雲內）「折射」(Refraction) 或「反射」(Reflection) 所形成的各種光學現象，通常呈環狀、弧狀或柱狀。陽光被折射而形成的各種暈現象會呈現多種顏色，但被反射而形成的暈現象則呈白色。 在夜間，人眼較難分辨顏色，因此「月暈」大多呈白色。

本書所涉及的暈現象包括「日暈」與「月暈」、「幻日」與「幻月」、「幻日環」與「幻月環」、「環天頂弧」、「環地平弧」及「光柱」。

4.1.1 日暈與月暈 Solar and Lunar Halos

P4.1.1.1 22 度日暈：傅正德 2009/03/14 11:59 在落馬洲拍攝

天空有均勻的卷層雲，日暈完整，內圈呈紅色的白色光環。

「暈」(Halo) 是當太陽或月亮的光線通過由冰晶組成的卷狀雲時，光線被折射而形成圍繞在太陽或月亮四周的環狀光環。若卷狀雲（如卷雲、卷層雲或卷積雲）中冰晶的含量愈高且均勻分佈，光環就愈明顯而且完整，較容易被觀察到；反之則難以觀察清楚，甚至無法形成暈。在太陽附近形成的叫「日暈」(Solar Halo)，在月亮附近形成的叫「月暈」(Lunar Halo)。

暈亦可分為「小暈」（即22度暈）和「大暈」（即46度暈）(插圖 4.1.1.1)。小暈是以發光體為圓心，角半徑為 22 度的一種內圈呈紅色而外圈偶爾為紫色的白色光環。光環內的天空明顯比光環外暗。不論在天空中的任何位置，小暈的大小不變。大暈較罕見，它是角半徑為 46 度的環，圓周比小暈大但顏色較暗，在大多數情況下只見紅、橙和白色，在香港少有觀察到。

觀察要點：

當天空有卷狀雲出現，特別是有一層較均勻的卷層雲出現時，朝太陽或月亮方向便有機會看到日暈或月暈。另外在滿月時觀察月暈較清楚。由於太陽光線強烈，不可用肉眼直視。觀看或拍攝時可藉其他物件如樹、燈柱或建築物遮擋太陽，亦盡量使用合適的太陽眼鏡保護眼睛。

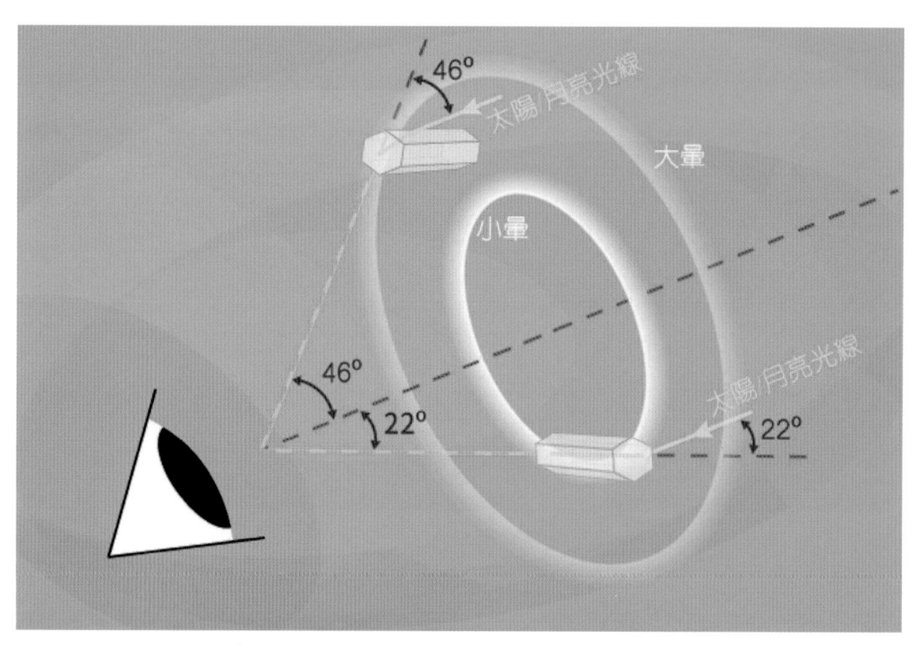

插圖 4.1.1.1　22 度和 46 度暈（資料來源：香港天文台「度天賞雲」電子書）

P4.1.1.2 22 度日暈：Mark Tang
2020/04/16 11:09 在彩德邨拍攝

P4.1.1.3　22 度日暈：六郎
2017/05/12 12:49 在元朗拍攝

P4.1.1.4　22 度日暈：何碧霞　2019/05/21 16:12 在美國阿拉斯加（Alaska, USA）拍攝

在 P4.1.1.4 中，貼着日暈頂是「上正切弧」(Upper Tangent Arc)，貼着日暈底是「下正切弧」(Lower Tangent Arc)。有關上下正切弧的詳細資料，可參考：

或

P4.1.1.5 22 度日暈：譚廣雄　2015/08/02 11:40　在尖沙咀拍攝

譚廣雄：「2015 年 8 月 2 日早上，香港廣泛地區被卷層雲覆蓋。當時烈日當空，有日暈出現，我急忙用路上的街燈遮擋太陽拍下這張日暈相片，並上載到 CWOS 群組，提醒組員留意天空（插圖 4.1.1.2）。當時 CWOS 群組亦有很多組員在香港不同地方拍下日暈的美照，上載到群組，大家都很雀躍。日暈久久未散，我回家後亦拍下多張照片，再次上載到 CWOS 群組（插圖 4.1.1.3）。自此以後，很多組員亦懂得欣賞和拍攝日暈。」

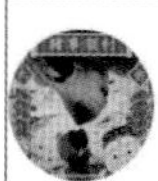

Kwong Hung Tam ▸ 社區天氣觀測計劃 CWOS
2 August 2015 at 11:51 ·

2.8.2015 現在頭頂有日暈！11:50

 六郎, Anthony Tsui and 16 others 3 comments

插圖 4.1.1.2

Kwong Hung Tam
Admin · 2 August 2015

2.8.2015
由於有一層薄薄的卷層雲（Cirrostratus）擋着太陽，經雲中冰晶折射，便形成了中午這個日暈（solar halo）。可惜卷層雲分佈得不太平均，所以未能拍到一個完整的圓形。
手機照直出@廣播道 12:17/12:18

Matthew Chin, 六郎 and 122 others 11 comments

Like Comment Share

插圖 4.1.1.3

P4.1.1.6.1 46 度日暈：
六郎 2020/01/17 10:38
在日本東京淺草區拍攝

46 度日暈是在 22 度日暈外的較暗圓弧

P4.1.1.6.2 46 度日暈：
六郎 2020/01/17 10:50
在日本東京淺草區拍攝

P4.1.1.7　22 度月暈：Tse Hon Ming　2019/07/27 05:09 在龍脊拍攝

22 度月暈是內圈呈紅色，外圈為白色的光環，月暈右下可見獵戶座。

P4.1.1.8　22 度月暈：六郎 2013/07/24 01:35 在西貢拍攝

P4.1.1.9　22 度月暈：Matthew Chin　2012/09/01 23:46 在元朗拍攝

P4.1.1.10　22 度月暈：六郎 2018/11/17 21:42 在紐西蘭奧克蘭（Auckland, New Zealand）拍攝

P4.1.1.11　22 度月暈：郭天能 2020/09/01 20:26 在澳洲維多利亞省 (Victoria, Australia) 拍攝

觀察月暈實戰經驗分享：

在晚上，即使足不出戶，亦可留意以下的天文台網上資訊，監察各區天氣和天空的景象。

最新全天影像一覽：

最新天氣照片：

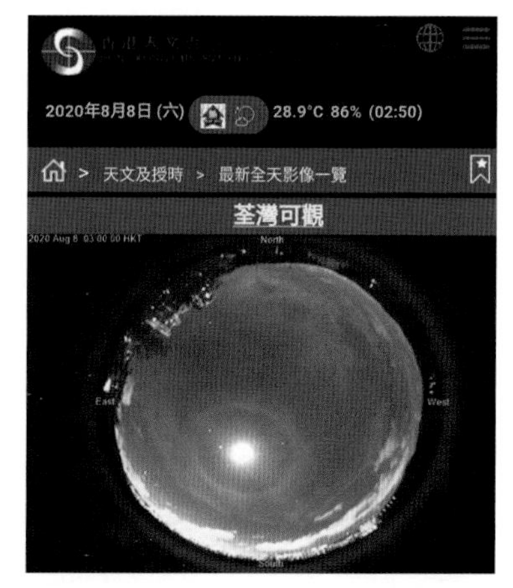

P4.1.1.12

Matthew Chin：「2020 年 8 月 8 日凌晨 3 點左右我醒來，看見天文台「最新全天影像一覽」網頁上顯示荃灣上空有月暈出現（P4.1.1.12），我立即跑到街上拍照，月暈清晰可見（P4.1.1.13）。」

P4.1.1.13　22 度月暈：Matthew Chin 2020/08/08 03:08 在元朗拍攝

4.1.2 幻日與幻月 Sundog and Moondog

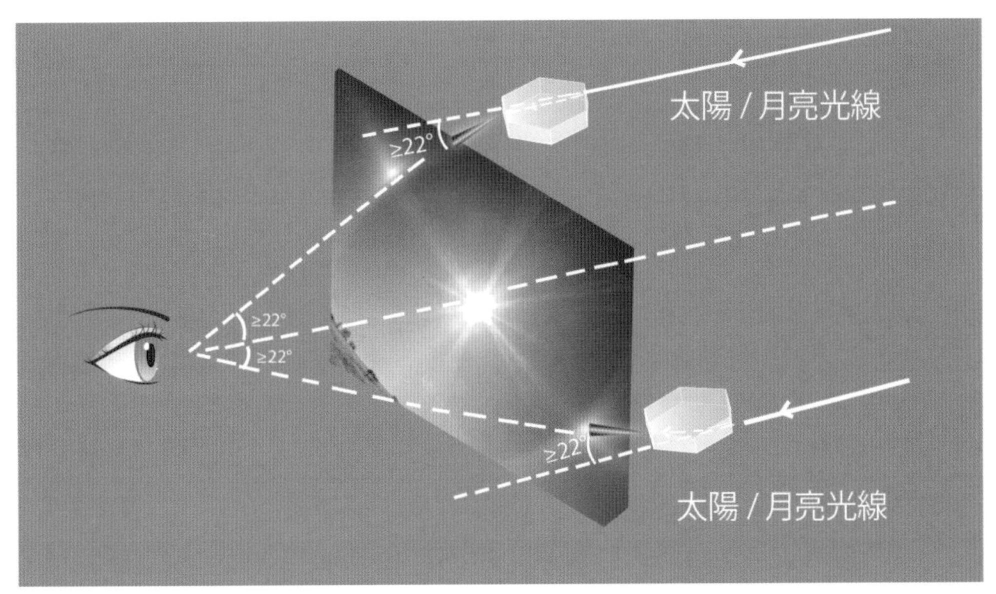

插圖 4.1.2 幻日 / 幻月是太陽 / 月亮的光線通過大氣中的六角形碟狀冰晶經折射形成（資料來源：香港天文台「度天賞雲」電子書）

「幻日」/「幻月」是太陽 / 月亮的光線在穿過一層薄薄的卷狀雲（如卷雲、卷層雲或卷積雲）時，經平浮在雲內的六角形碟狀冰晶兩次折射後產生的（插圖 4.1.2）。它們出現在太陽 / 月亮左右兩側，約在 22 度暈的邊緣，呈現成兩個彩斑或亮點。若遇到不均勻的卷狀雲時，有時只會觀察到左或右的其中一個。當太陽 / 月亮在水平位置時，幻日 / 幻月是非常明亮且緊貼着 22 度暈的外側，並與太陽 / 月亮的高度相同，它們的位置會隨着太陽 / 月亮升高而與 22 度暈逐漸分離 *。太陽 / 月亮在地平線上的角度超過 40 度時，我們便很難看見幻日 / 幻月了。

幻日的彩斑，靠近太陽一端是紅色的，而遠端依次序是黃色、綠色和藍色，這是由於光線經六角形冰晶折射後，光發生色散，紅光偏向程度比黃光、綠光和藍光少。我們有時會發現有一條圓弧經過兩個幻日和太陽中心，形成白色的環，這便是「幻日環」（Parhelic Circle），但在大多數情況下，很難見到完整的幻日環。幻月的顏色分佈也和幻日一樣，但在夜間，除了在滿月的時候，人眼較難分辨顏色。同樣，我們有時會發現有一條圓弧經過兩個幻月和月亮中心，形成白色的「幻月環」（Paraselenic Circle）。

*參考：

觀察要點：

在遇上卷狀雲時，特別是在太陽 / 月亮接近水平位置時（即日出 / 日落或月出 / 月落），幻日 / 幻月會較為明亮易見。在滿月時遇上有薄薄的卷狀雲覆蓋月亮，就要留意幻月的出現了。另外，由於太陽光線強烈，不可用肉眼直視。觀看或拍攝時可藉其他物件如樹、燈柱或建築物遮擋太陽，亦盡量使用合適的太陽眼鏡保護眼睛。

P4.1.2.1 幻日：何碧霞 2011/01/06 14:21 在蒙古拍攝

幻日在太陽左右兩側，與太陽高度差不多，並貼近 22 度日暈，亦隱約可見幻日環。

P4.1.2.2　幻日：Dr. Luk Wing Nin 2018/07/29 18:22 在企嶺下海拍攝

幻日在太陽左右兩側，與太陽高度接近。

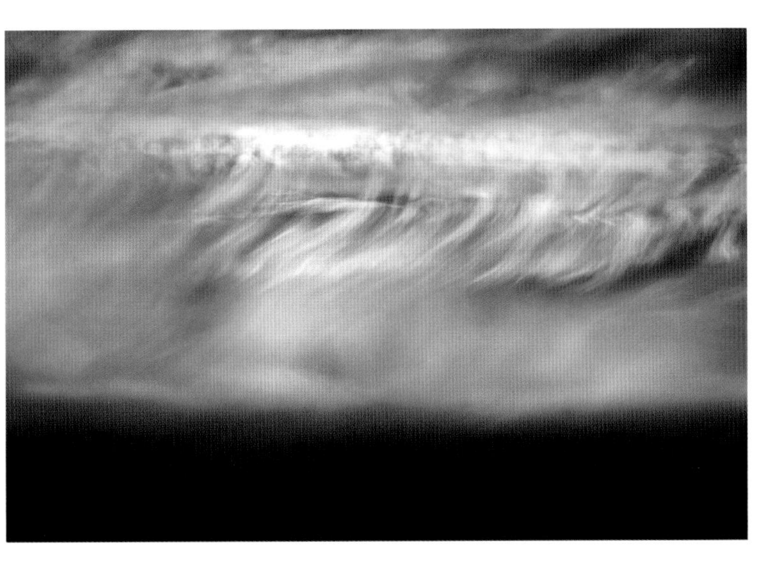

P4.1.2.3　幻日：
張毓忠 2019/06/09
17:57 在台灣嘉義拍攝

在太陽右側的幻日近照，彩班顏色順序是紅、黃、淺綠和淺藍。

P4.1.2.4　幻日：何碧霞 2018/07/22 18:00 在大生圍拍攝

在太陽左側的幻日近照，彩斑顏色順序是紅、黃、淺綠和淺藍。

P4.1.2.5　幻日：何碧霞 2017/10/08 17:49 在加拿大溫哥華（Vancouver, Canada）拍攝

在太陽左側的幻日近照，彩斑顏色順序是紅、黃、淺綠和淺藍。

P4.1.2.6　幻月：Debby Tam 2017/07/11 04:48 在泥涌拍攝

幻月在月亮左右兩側，與月亮高度差不多，並貼近 22 度月暈，亦可見幻月環。

P4.1.2.7 幻月：Kwan Chuk Man
2017/07/09 20:17 在大埔拍攝

幻月在月亮左右兩側，與月亮高度相若，隱約可見 22 度月暈。

P4.1.2.8 幻月：六郎
2014/08/10 19:29 在元朗拍攝

幻月在月亮右側，並與月亮高度相同。

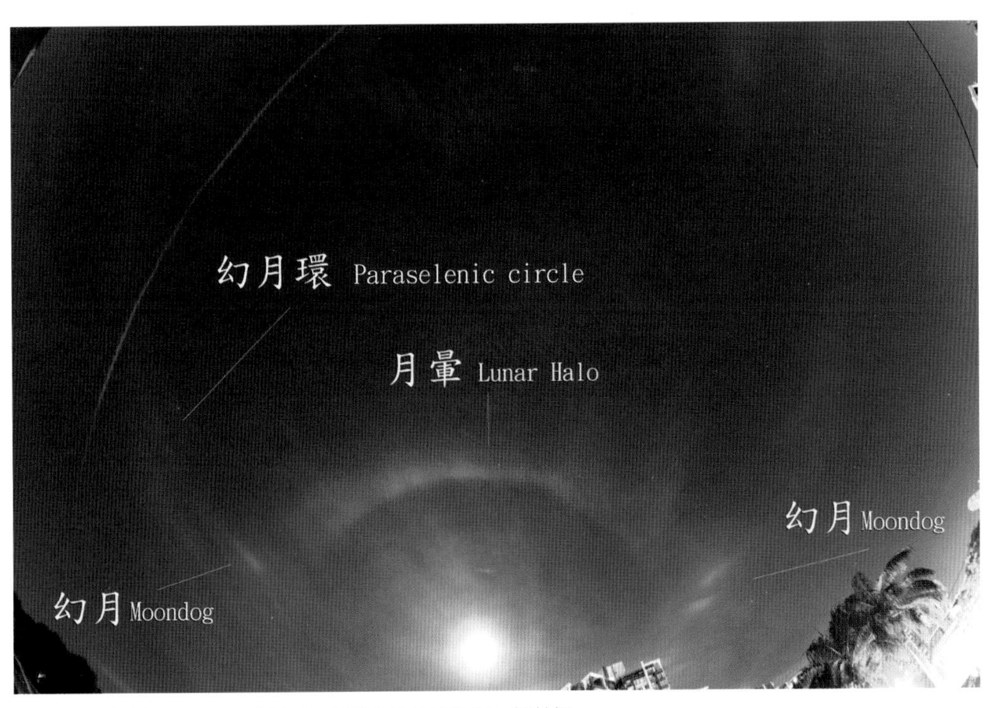

P4.1.2.9 幻月：Matthew Chin 2017/07/12 04:33 在元朗拍攝

幻月在月亮左右兩側，並與 22 度月暈分離，亦比月亮高，隱約可見幻月環。

4.1.3 環天頂弧 Circumzenithal Arc（CZA）

P4.1.3.1 環天頂弧：
六郎 2017/02/01 15:00
在日本東京拍攝

太陽在地平線上 21 度 19 分，太陽附近的彩環是 22 度日暈。環天頂弧大約在太陽之上 22 度日暈的兩倍位置。

「環天頂弧」是一種非常美麗的暈現象，每當它在天空出現，常給人帶來驚喜，是賞雲者的寵兒。它的外觀就像「倒轉的彩虹」高高掛在天空上，所以也被人稱為「天空的微笑」。

當陽光經過平浮在卷狀雲內的六角形碟狀冰晶，在冰晶的水平頂部以少於 32 度的入射角進入，折射到它的垂直側面後射出，因不同顏色的光折射幅度不同而產生色散，形成環天頂弧。紫光由於波長較短，它被折射的幅度比紅光等波長較長的光為大，因此紫光的偏向角度最大，而紅光最小，最接近光源（插

圖 4.1.3）。若陽光的入射角度超過 32 度，光線不能從側面離開而在冰晶內進行全反射，最後從底部以反方向折射而出形成單色（白色）的「幻日環」。

環天頂弧出現在太陽上方，呈弧狀環繞天頂，像上下倒轉了的彩虹。它的色彩明亮，底部外側（即靠近太陽方向）為紅色，頂部內側為紫色。當太陽在地平線上約 32 度時，它的顏色最暗淡，就像帶有彩色的班漬，高掛在天頂附近。隨着太陽在地平線上的角度變小，環天頂弧逐漸伸展成明亮的彩弧，而且變得越來越長但寬度變窄 *。當太陽在地平線上的角度接近 22 度時，環天頂弧是最清晰明亮的，若此時可看到 46 度日暈，弧就貼在附近。日出後和日落前的情況是完全一樣的。

其實，環天頂弧亦可由月亮的光線產生，但較為罕見。

* 詳情可參考 

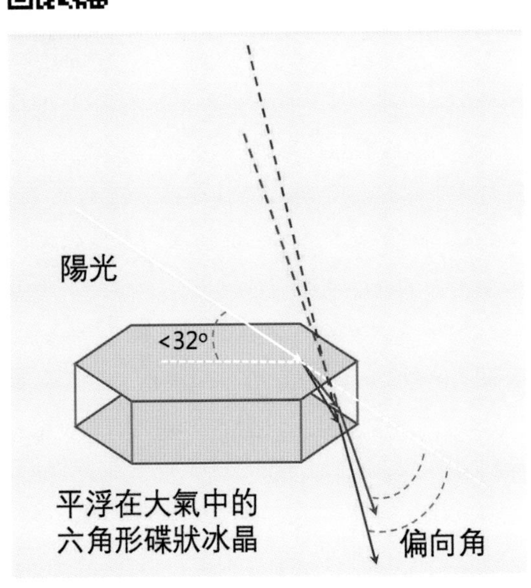

插圖 4.1.3

觀察要點：

在遇上薄薄的卷狀雲時，特別是在太陽接近水平位置時（即日出和日落），就要留意太陽上方了。若遇到「幻日」出現，在太陽上方 22 度暈的兩倍位置附近，很多時候都有機會看到環天頂弧，因為它們兩者都是由平浮在大氣的六角形碟狀冰晶所產生。另外，由於太陽光線強烈，不可用肉眼直視太陽方向。觀看或拍攝時可藉其他物件如樹、燈柱或建築物遮擋太陽，亦盡量使用合適的太陽眼鏡保護眼睛，這樣亦較容易看清楚環天頂弧。

P4.1.3.2 環天頂弧：Dr. Luk Wing Nin 2019/06/01 17:21 在日本神戶拍攝

太陽在地平線上19度23分，太陽之上的環天頂弧像倒轉的彩虹。

P4.1.3.3 環天頂弧：六郎 2015/07/23 17:52 在元朗拍攝

太陽在地平線上 16 度 0 分，天頂上的彩帶是環天頂弧。

P4.1.3.4 環天頂弧：Cy Lee 2021/05/06 17:44 在大埔拍攝

太陽在地平線上 14 度 29 分，22 度日暈雖然看不清楚，但太陽左側的幻日清晰可見。環天頂弧大約在太陽之上 22 度日暈的兩倍位置。

P4.1.3.5 環天頂弧：何碧霞 2019/12/09 09:01 在元朗拍攝

太陽在地平線上 24 度 29 分。由於卷雲的不均勻分佈，環天頂弧不完整，但彩帶仍清晰可見。

P4.1.3.6 環天頂弧：Benny Lau 2021/05/07 17:06 在大埔拍攝

太陽在地平線上 23 度 10 分，由於角度接近 22 度，加上有相對均勻的卷雲，環天頂弧特別清晰明亮。

P4.1.3.7 環天頂弧：Florence Lee 2021/05/07 17:05 在大埔拍攝

太陽在地平線上 23 度 24 分，由於角度接近 22 度，加上有相對均勻的卷雲，環天頂弧特別清晰明亮。

4.1.4 環地平弧 Circumhorizontal Arc（CHA）

P4.1.4.1 環地平弧：
Florence Lee 2019/07/07
11:23 在大埔拍攝

太陽在地平線上 74 度 54 分，周圍有 22 度日暈出現，環地平弧就在太陽下面大約 22 度日暈的兩倍位置。

當太陽高掛在天頂附近，而天空有卷狀雲出現時，在地平線附近就要留意有色彩明亮的「環地平弧」出現了。環地平弧看上去很像彩虹，所以曾有人誤稱為「火彩虹」（Fire Rainbow），但它既不是彩虹，亦和火沒有任何關係。

當陽光經過平浮在卷狀雲內的六角形碟狀冰晶，在冰晶的垂直側面以超過 58 度的入射角進入，折射到其水平底部後射出，因不同顏色的光折射幅度不同而產生色散，形成環地平弧。紫光由於波長較短，它被折射的幅度比紅光等波長較長的光為大，因此紫光的偏向角度最大，而紅光最小，最接近光源（插

圖 4.1.4）。因此，環地平弧會出現在太陽下面接近地平線的地方，約 22 度日暈的兩倍位置，並向水平方向伸展。其頂部（即靠近太陽方向）為紅色，底部為紫色，顏色順序與「主虹」相同。

由於環地平弧形成的其中一個必要條件是陽光的入射角度要大於 58 度，因此它只會在正午前後才有機會出現。能否看到環地平弧，要視乎觀察者所在的地理位置。在位於緯度 55 度或以上的地方（例如一些北歐國家），便會因為太陽的仰角總是低於 58 度而無緣觀看這現象。

觀察要點：

環地平弧出現在正午前後。當天空多卷狀雲出現，太陽高掛在天頂附近時，午前可以留意東面低空，午後要留意西面低空。

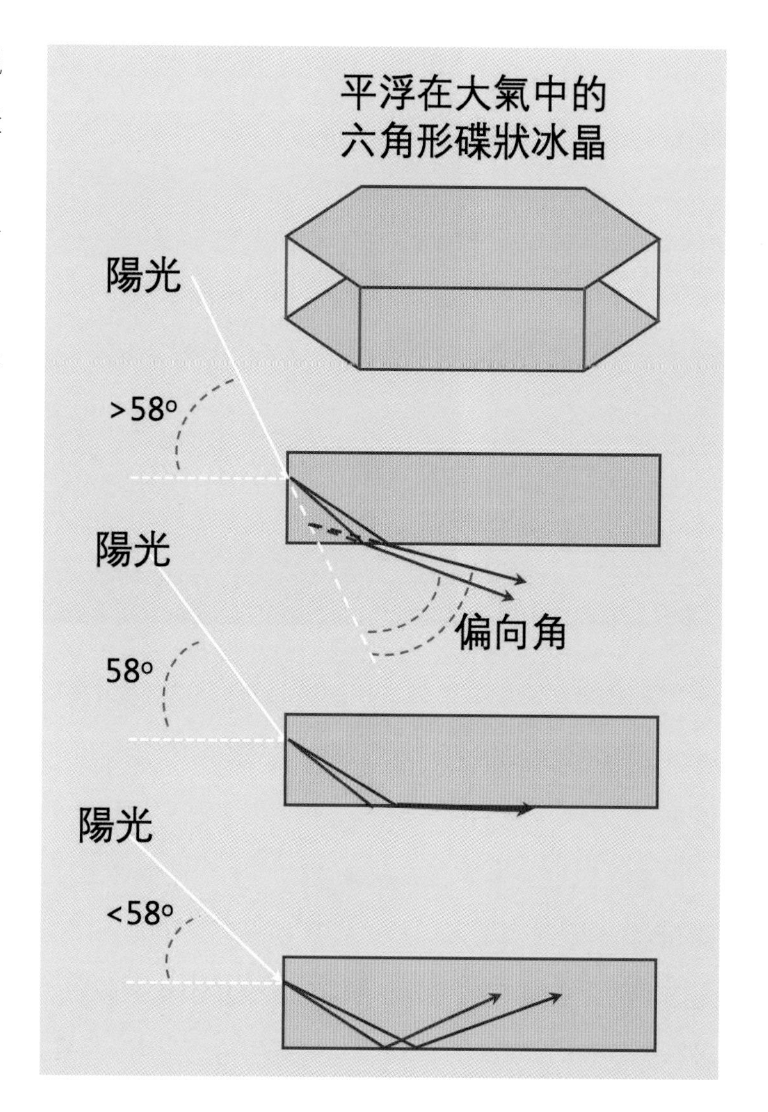

插圖 4.1.4

P4.1.4.2 環地平弧：
Matthew Chin 2018/07/29 14:02
在元朗拍攝

太陽在地平線上 68 度 10 分，下面隱約可見 22 度日暈的一部份，環地平弧就在太陽下面大約 22 度日暈的兩倍位置。

P4.1.4.3 環地平弧：
Alice Chan 2017/08/10 11:00
在中環拍攝

太陽在地平線上 67 度 55 分，卷層雲中出現色彩明亮的環地平弧。

P4.1.4.4 環地平弧：Iris Lee 2017/08/10 10:58 在深水埗拍攝

太陽在地平線上 67 度 28 分，卷層雲中出現色彩明亮的環地平弧。環地平弧的近照中清楚顯示由紅至藍的顏色順序。

P4.1.4.5 環地平弧：鄭楚明 2004/05/26 12:37 在法國（France）拍攝

太陽在地平線上 62 度 30 分，在接近地平線上的卷雲中出現色彩明亮的環地平弧。

4.1.5 光柱 Light Pillar

P4.1.5.1 日柱：Huey Pang 2015/09/12 19:52 在加拿大黃刀鎮（Yellowknife, Canada）拍攝

「光柱」（Light Pillar）是太陽或月亮的光線被懸浮在大氣中的冰晶（如來自卷雲、卷層雲和卷積雲）反射而形成的「暈現象」，它看起來像一根垂直的柱子，從光源向上下延伸。由太陽形成的叫「日柱」（Sun Pillar）。在太

陽接近地平線時，日柱較易看見，當太陽剛低於地平線，在太陽上方延伸出來的日柱最為明亮。日柱的顏色和太陽或其附近的雲是一致的，它可以是白色，亦可以和日出或日落時的顏色一樣，帶有紅、黃或紫色。由月亮形成的光柱叫「月柱」（Moon Pillar），相對較少見。

光柱亦可由人造光源形成，在較寒冷的地方比較容易看到人造光源所產生的光柱。

觀察要點：

若天空有卷狀雲，接近日出或日落時可留意日柱的出現。要觀察月柱，除了要有明亮的月光，漆黑的夜空亦是必要條件，所以光害大的地方較難看到月柱。由於太陽光線強烈，不可用肉眼直視。觀看或拍攝時可藉其他物件如樹、燈柱或建築物遮擋太陽，亦盡量使用合適的太陽眼鏡保護眼睛。

P4.1.5.2 日柱：何碧霞
2007/09/30 08:40
在新疆拍攝

P4.1.5.3 日柱：何碧霞
2018/11/16 17:28
在加拿大溫哥華
（Vancouver, Canada）拍攝

4.2 華 Corona

P4.2.1 日華：Priscilla Ho 2021/02/08 11:15 在北區拍攝

「華」是當太陽或月亮的光在通過懸浮在大氣中的微細水滴或冰晶時產生「衍射」（或稱「繞射」 Diffraction）作用而形成的光學現象。華以太陽或月亮為中心呈現為一組或多組內藍外紅的彩環，最內一環的中心是一個白色有啡紅色邊的圓盤。在太陽周圍形成的叫「日華」（Solar Corona），而在月亮周圍形成的叫「月華」（Lunar Corona）。

由於薄雲中的微細水滴或冰晶的大小與光波波長較接近，所以衍射作用產生的華亦特別顯著，華亦可在薄霧或霧中形成。如果水滴或冰晶的大小相近，彩環是又圓又清晰的，否則會變得模糊。彩環直徑的大小與水滴或冰晶的大小有關，水滴或冰晶越小，彩環越大。

華與「22 度暈」的區別是華實際上是一個外有彩環的圓盤，不是圓圈，而暈則是圓圈。華的角半徑比 22 度暈小很多，而且顏色次序相反。另一方面，華亦和「彩光環」(Glory) 不同，後者是出現在太陽的相反方向，觀測者要背向太陽，朝反日點（插圖 4.5.2）的方向才可觀察到彩光環。

觀察要點：

太陽或月亮前有薄雲時可留意華的出現，另外在滿月時觀察月華較清楚。由於太陽光線強烈，不可用肉眼直視。觀看或拍攝時可藉其他物件如樹、燈柱或建築物遮擋太陽，亦盡量使用合適的太陽眼鏡保護眼睛。

4.2.1 日華 Solar Corona

P4.2.1.1
日華：六郎
2016/12/07 13:57
在元朗拍攝

P4.2.1.2
日華：Alfred Lee
2011/09/04 16:21
在泥涌拍攝

在積雲背後有一層薄雲，雲中有無數微細且大小均勻的水滴，所以日華的彩環特別清晰和色彩鮮豔。

P4.2.1.3 日華：譚廣雄
2018/05/07 09:46
在西九龍拍攝

譚廣雄：「拍攝這幅日華時，我剛好看見一層薄雲在太陽附近。由於我戴了太陽眼鏡，看到太陽旁邊有少許色彩，我立即用大廈遮擋太陽，最後拍到這幅美麗的日華照片。」

P4.2.1.4 日華：Cammy Li
2017/10/19 15:47 在佐敦拍攝

P4.2.1.5 日華：何碧霞 2016/12/05 15:10 在元朗拍攝

Cammy Li：「天空時有驚喜，這張雲層的形狀剛巧像『食鬼』張口，被稱作『食鬼日華』。」

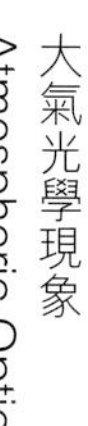

4.2.2 月華 Lunar Corona

P4.2.2.1 月華：田進福 2017/10/06 21:21 在屯門良景邨拍攝

P4.2.2.2 月華：Matthew Chin 2017/09/07 05:06 在元朗拍攝

P4.2.2.3 月華：六郎 2019/08/18 23:18 在元朗拍攝

P4.2.2.4 月華：Ronald Yu 2017/11/02 19:42 在將軍澳拍攝

4.3 彩光環 Glory

P4.3.1 圍繞着拍攝者影子的彩光環：Christon Lee 2016/06/19 06:52 在蚺蛇尖拍攝

由於透視的影響，拍攝者的影子看起來變得被拉長和放大了。

「彩光環」又叫「佛光」或「寶光」，因為這種特殊現象只會在觀察者背着太陽時在他的影子周圍出現，它的出現常叫人驚喜，是賞雲者的寵兒。彩光環是圍繞着觀察者影子而出現的一組或多組外紅內紫的彩環，它是陽光透過雲或霧中的微細水滴，經過反射，折射和衍射而產生的。與「日華」一樣，水滴的大小越相近，彩環會越清晰，否則會變得模糊。彩環的直徑亦與水滴的大小有關，水滴越小，彩環越大。

由於彩光環是出現在觀察者的反日點（ Antisolar Point ），所以除了在日出或日落時，彩光環都是在水平線以下。要觀察彩光環，賞雲者一般要在較高處才能看見。

4.3.1 在山上看到的彩光環

當太陽從登山者後面照射過來，登山者有時可以看到他的影子被陽光投射到雲或霧中。由於透視的影響，登山者下半身的影子看起來變得被拉長和放大，在登山者影子的頭部（應為眼睛或攝影機鏡頭位置）四周會形成彩光環（P4.3.1），像幽靈鬼影一樣，亦稱為「布羅肯幽靈」（Brocken Spectre）。

如果有多於一個登山者，雖然每個人都可以看到其他人的影子，但每個登山者只能看到一個以他自己影子頭部為中心的彩光環，而看不到其他人的彩光環。他們每個人所看到的彩光環都是獨一無二的。

P4.3.1.1 彩光環：譚焯明博士 2013/11/30 18:28 在新西蘭奧克蘭（Auckland, New Zealand）拍攝

雲霧離拍攝者較遠，拍攝者的影子變得不太清晰，只見彩光環。

P4.3.1.2 彩光環：Waddle CH Kong 2021/02/11 07:59 在大帽山拍攝

P4.3.1.3 彩光環：Alison Tam 2020/05/16 17:16 在鳳凰山頂拍攝

Alison Tam：「請問這是什麼天文現象？有個像彩虹的圓圈，我們幾個人的影子剛好投射在圈內。」

編者按：雖然他們每個人都可以看到其他人的影子，但拍攝者（Alison Tam）只能看到或拍攝到一個以他自己影子頭部為中心的彩光環，而看不到其他人的彩光環。他們每個人所看到的彩光環都是獨一無二的。

4.3.2 在飛機上看到的彩光環

最容易看到彩光環的地方其實是在飛機上。當太陽在飛機的其中一側照射過來，飛機的影子會被投射到較低的雲層上，我們在另外一側便有機會看到飛機的影子被一組或多組彩環緊緊圍繞着。如果雲層離飛機較遠，我們便看不清楚飛機的影子，只見到一組或多組彩環掛在雲上。

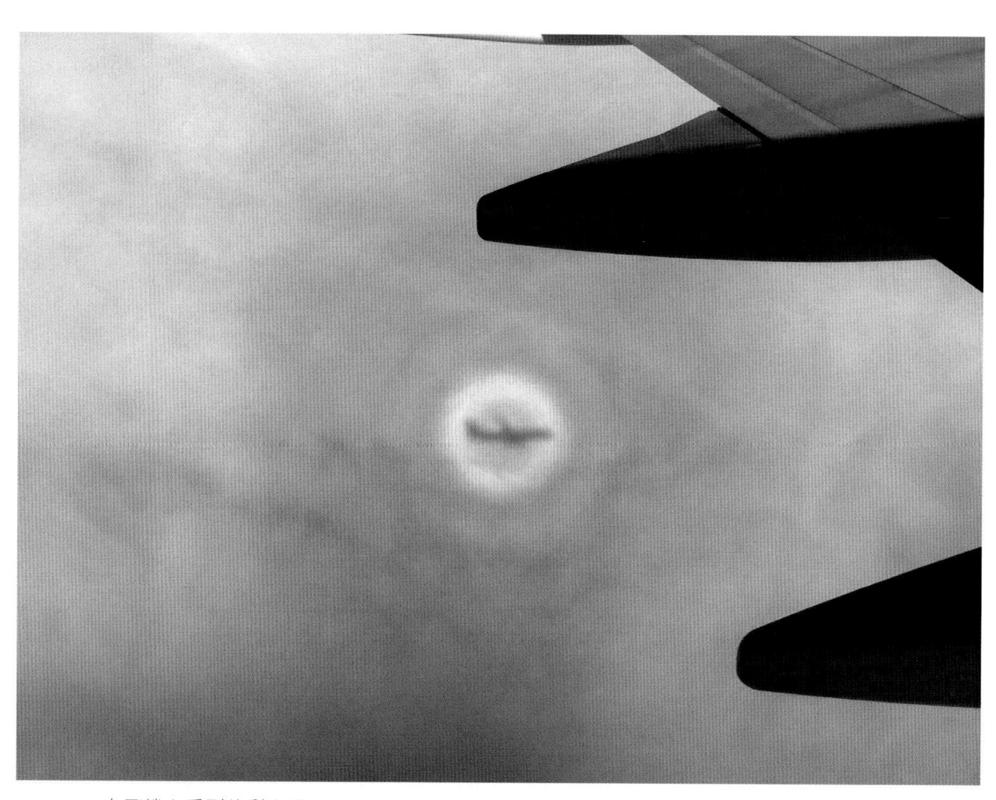

P4.3.2.1 在飛機上看到的彩光環：Rita Ho 2019/01/04 09:09 在中國上空拍攝

雲層距離飛機較近，可清晰看到彩光環圍繞着飛機的影子。另外從彩光環的中心亦可估計到拍攝者當時是坐在機翼的後方，與照片中近距離的機翼相符。

P4.3.2.2 在飛機上看到的彩光環：六郎 2017/01/15 16:43 在日本回香港途中拍攝

雲層距離飛機較遠，不能清楚看到飛機的影子，只見到彩光環掛在雲上。

觀察要點：

要觀察彩光環，需要有陽光和雲霧。插圖 4.3 簡單説明了太陽，觀察者和彩光環的相對位置。當觀察者坐在飛機的靠窗位置，望向與太陽相反方向的下方，便有機會看到飛機在雲層上的影子被彩光環緊緊圍繞着。當登山者背向太陽朝反日點（對着太陽相反的方向）望去，他會看到在水平線下的雲霧中有彩光環圍繞着他自己影子的頭部。

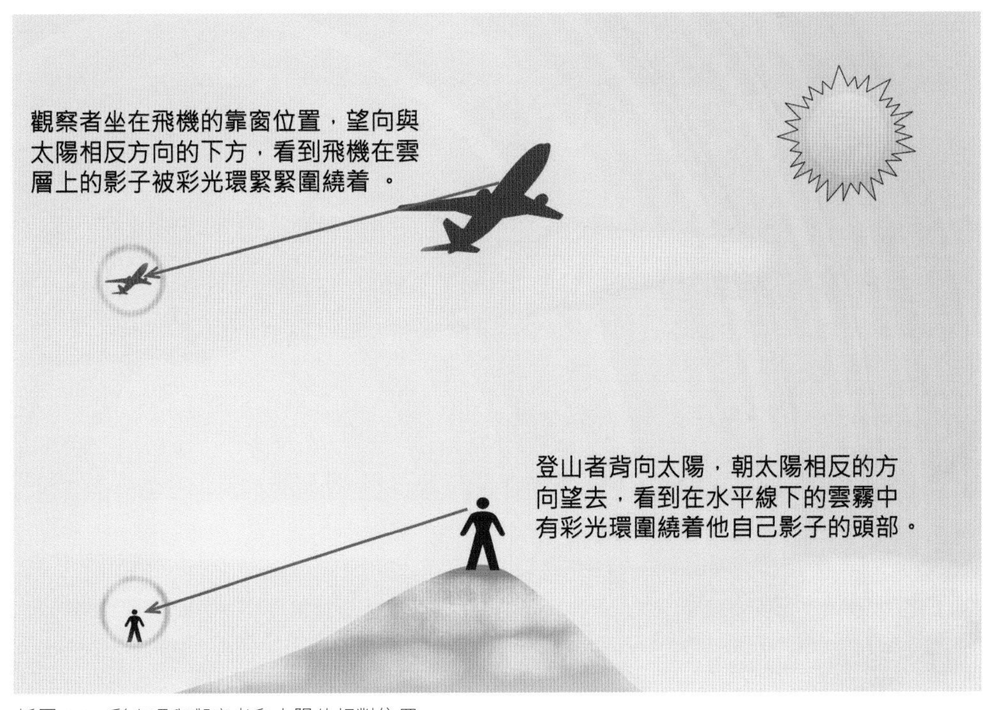

插圖 4.3 彩光環與觀察者和太陽的相對位置

4.4 虹彩現象 Iridescence

「虹彩現象」通常出現在太陽附近的薄雲中，呈現彩色的雲叫「虹彩雲」。虹彩雲的顏色有時混合在一起，有時呈帶狀分佈，幾乎平行於雲的邊緣。綠色和粉紅色的雲帶最常見，且色調柔和。

虹彩現象的形成機制與「華」相同。當陽光穿過薄雲中大小均勻且微細的水滴或冰晶時，產生衍射（繞射）作用，形成美麗的虹彩雲。若陽光的衍射發生在範圍較大且均勻的薄雲上，便可能會出現「日華」。虹彩雲常見於在太陽附近的「高層雲」、「高積雲」或「卷積雲」，亦可見於厚厚的，能阻擋太陽光線的「莢狀雲」邊緣（見 3.4 節 P3.4.1）。

P4.4.1 幞狀雲上出現的虹彩現象：傅正德 2017/10/02 17:59 在青衣拍攝

在積雲頂上形成的幞狀雲，因雲中有大小均勻且微細的水滴，有利形成非常美麗的虹彩現象。

觀察要點：

太陽附近有薄雲時可留意虹彩雲的出現，但由於太陽光線強烈，不可用肉眼直視。觀看或拍攝時可藉其他物件如樹、燈柱或建築物遮擋太陽，亦盡量使用合適的太陽眼鏡保護眼睛。最佳的觀察時間是日出或日落時，在厚厚的「積雲」或「積雨雲」後面很多時候有機會發現絢麗奪目的虹彩雲。

P4.4.2 虹彩雲：田進福 2017/09/22 17:39 在大嶼山心經簡林拍攝

P4.4.3 虹彩雲：何碧霞 2018/08/01 08:34 在元朗拍攝

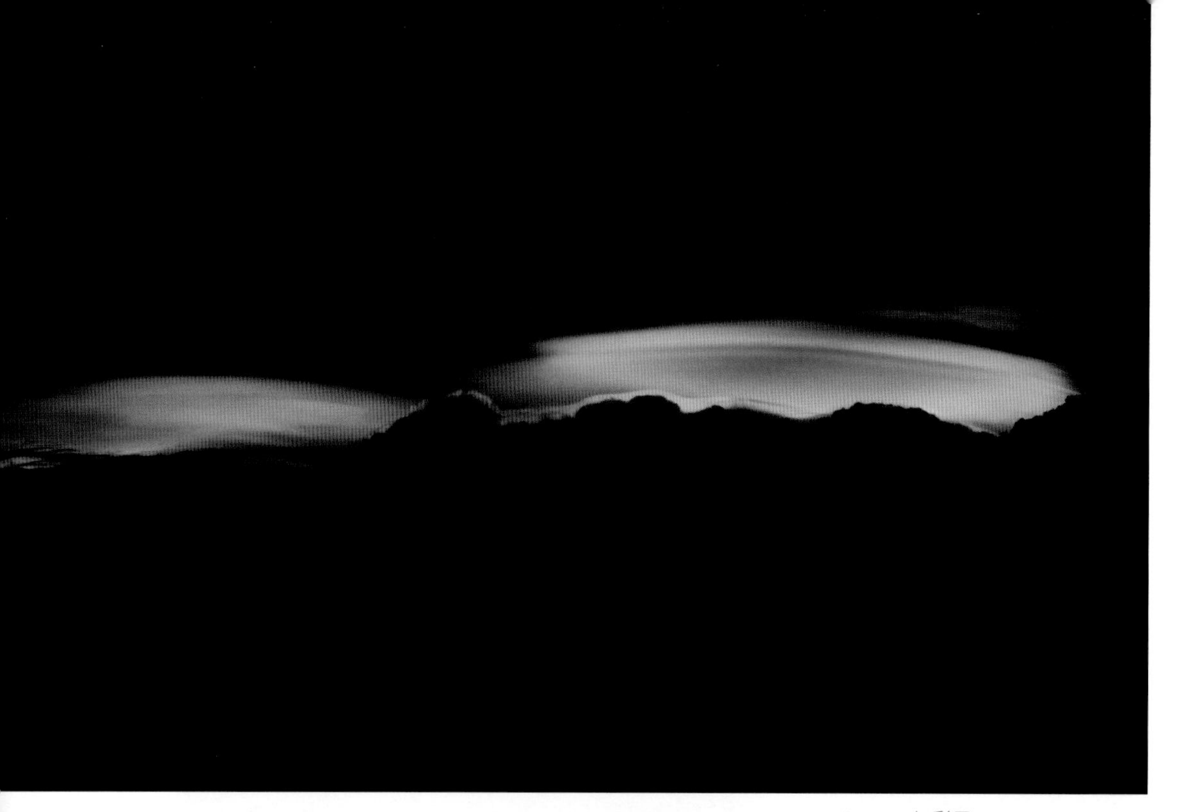

P4.4.4 虹彩雲：Kwan Chuk Man
2018/06/30 19:16 在大尾督拍攝

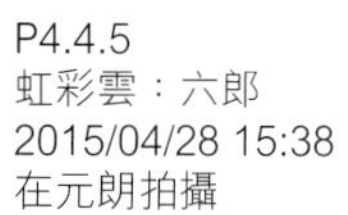

P4.4.5
虹彩雲：六郎
2015/04/28 15:38
在元朗拍攝

P4.4.6
虹彩雲：譚廣雄
2018/05/06 10: 20
在西貢拍攝

用路燈把猛烈的陽光遮擋住就可拍攝到虹彩雲

P4.4.7 虹彩雲：譚廣雄 2021/01/25 09:25 在沙田大會堂拍攝

當日早上香港受一股清勁且潮濕的偏東氣流影響。當潮濕的氣流被香港東面的山阻擋，被迫爬升，在背風坡的沙田區上空形成了形狀奇特，千姿百態的地形雲，陽光透過這些很薄的雲時便形成了這難得一見的虹彩雲。

4.5 彩虹 Rainbow

P4.5.1 彩虹：譚廣雄 2013/08/07 17:05 在天文台總部拍攝（太陽在地平線上 24 度 55 分）

陽光是由不同波長的光（可簡單地看成是不同顏色的光，即紅、橙、黃、綠、藍、靛、紫）組成。當空氣中有水滴（例如下驟雨時），太陽光線在進入近似圓形的小水滴時，先折射一次而改變方向，在水滴背面的內側被反射一次，在離開水滴時再折射一次。由於不同波長的光在水滴中的折射程度不同，陽光通過水滴再反射回來的時候便會產生色散，形成我們常見的弧形「彩虹」（P4.5.1），或叫「主虹」（Primary Rainbow）。紫光由於波長最短，它被折射的幅度比紅光等波長較長的光為大，因此紫光位於彩虹內側，而紅光波長最長，折射的幅度最少，位於彩虹外側（插圖 4.5.1）。

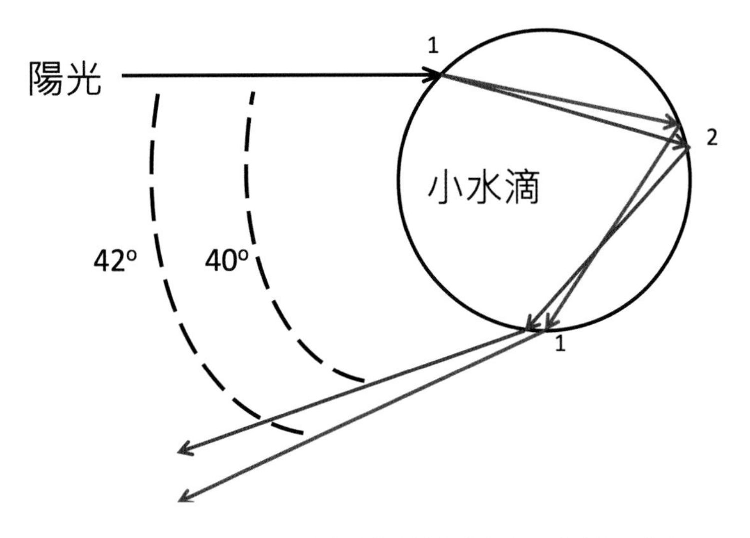

插圖 4.5.1　彩虹是透過陽光在水滴中的折射（1）和反射（2）而產生

彩虹的位置永遠是在太陽的相反方向，而它的弧形中心則在觀察者的「反日點」(Antisolar Point)，所以除了在日出或日落時，彩虹弧的中心都是在地平線以下，剛好是在觀察者頭部影子的位置（插圖 4.5.2）。

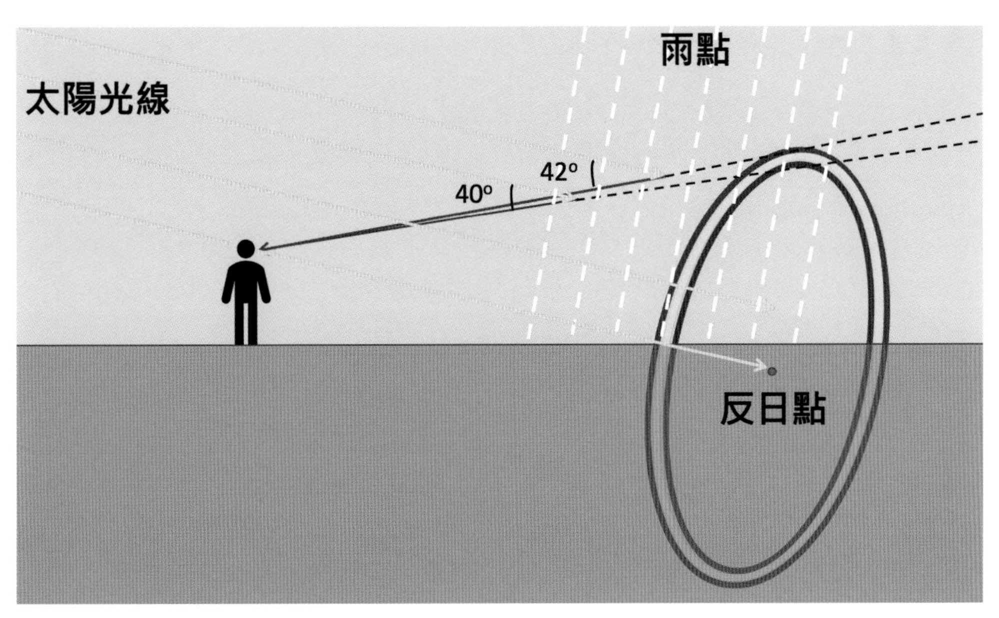

插圖 4.5.2　彩虹與觀察者和太陽的相對位置

觀察者看到弧的多少取決於太陽在地平線上的角度，角度越小，所看到的弧就越長。在平地或海面上，日出或日落時看到的彩虹幾乎是半圓形。隨着太陽上升，弧的中心會降到地平線以下。當太陽在地平線上高於 42 度時，主虹將低於地平線，這亦是為甚麼在平地上主虹不會出現在中午附近的原因（插圖 4.5.3）。在下驟雨的時候，從高山、建築物高處或飛機等有利位置，觀察者往地平線下的反日點方向望去，或可見到大於半個圓的彩虹弧，有時更可看見完整的彩虹圓環。

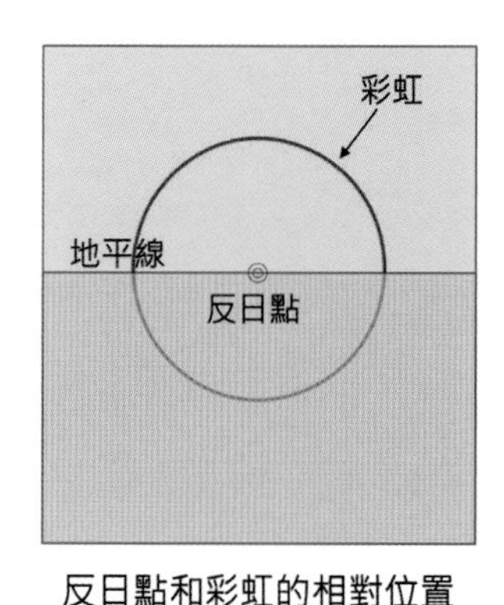

反日點和彩虹的相對位置

太陽在地平線上的角度：0°
（日出/日落）

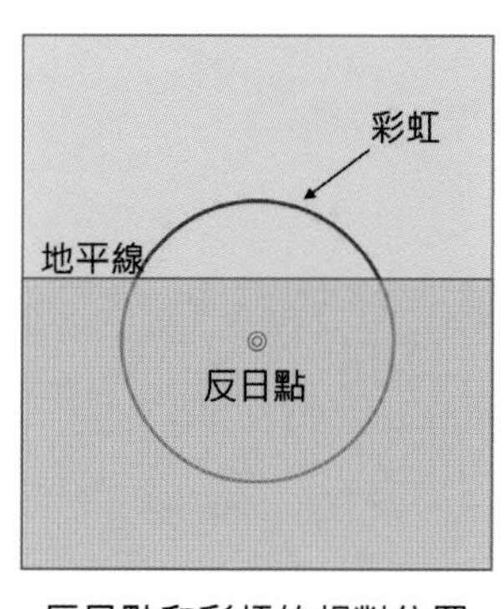

反日點和彩虹的相對位置

太陽在地平線上的角度：20°

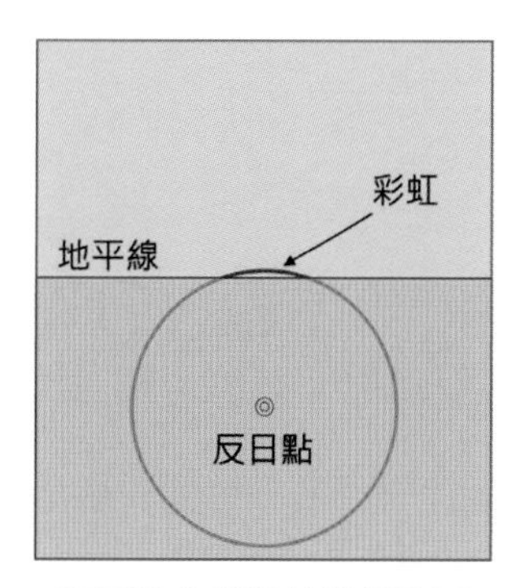

反日點和彩虹的相對位置

太陽在地平線上的角度：40°

插圖 4.5.3　彩虹、反日點和地平線的相對位置

除了太陽，由於相同的原理，月亮亦會產生彩虹，我們稱之為「月虹」(Moonbow 或 Lunar Rainbow)，是夜間出現的彩虹。

觀察要點：

觀察彩虹要在太陽的相反方向。在香港，夏季多雨，可以看到彩虹的大約時間：

早上	日出至日出後 3 小時，西面。
中午	因彩虹出現在太陽的對面，如果不在高山、建築物高處或飛機上，中午難見到彩虹。
黃昏	日落前 3 小時至日落，東面。

在冬季，可見彩虹的時間差不多，但冬季少雨，彩虹出現的次數不多。

P4.5.2 接近 270 度的彩虹：Oq Wing 2016/8/19 17:53 在日本東京拍攝
（太陽在地平線上 5 度 34 分。拍攝者在高處拍攝，彩虹的中心在地平線以下，在照片中央的發射塔右下方。）

P4.5.3 超過 180 度的彩虹：Tsang Yu Wa 2020/06/16 18:25 在深井拍攝
（太陽在地平線上 8 度 39 分。拍攝者在高處拍攝，彩虹的中心在地平線以下，在照片中央的海面上，建築物的陰影處。）

P4.5.4 360 度彩虹圓環的下半部份：梁譽寶 2021/08/15 18:30 在淺水灣上空拍攝
（太陽在地平線上 4 度 54 分。拍攝者利用航拍機在高處拍攝，彩虹的中心在航拍機高度附近，水平方向以下的空中。由於航拍機鏡頭仰角的限制，不能拍到整個 360 度彩虹圓環，只拍到彩虹的下半部，與我們一般看到的彩虹上半圓剛好相反。）

P4.5.5 360 度彩虹圓環的右邊部份：CY Lai 2021/08/15 18:00 在西九龍天際 100 高處拍攝
（太陽在地平線上 11 度 42 分。拍攝者在高處拍攝，彩虹的中心在照片的最左方接近中央位置，水平方向以下的空中。）

4.5.1 虹與霓 Primary and Secondary Rainbows

P4.5.1.1 虹與霓：何碧霞 2018/06/21 18:50 在西藏當雄拍攝
（太陽在地平線上 25 度 27 分，內面的彩虹叫「虹」，外面的叫「霓」。）

陽光在水滴內經過一次反射所形成的彩虹，我們稱為「主虹」或簡稱「虹」（Primary Rainbow）。若陽光在水滴內進行了兩次反射，便會產生第二道彩虹，我們稱為「副虹」或簡稱「霓」（Secondary Rainbow）。霓在外而虹在內，且較虹寬。虹的顏色順序是外紅內紫，而霓則和虹相反，是外紫內紅（插圖 4.5.1.1）。由於陽光每次反射時能量都會有損失，且霓較虹寬，因此霓的亮度較虹暗。下驟雨時若背向太陽方向的水滴均勻分佈，我們很多時都可同時看到完整的虹和霓，一般人會稱為「雙彩虹」。

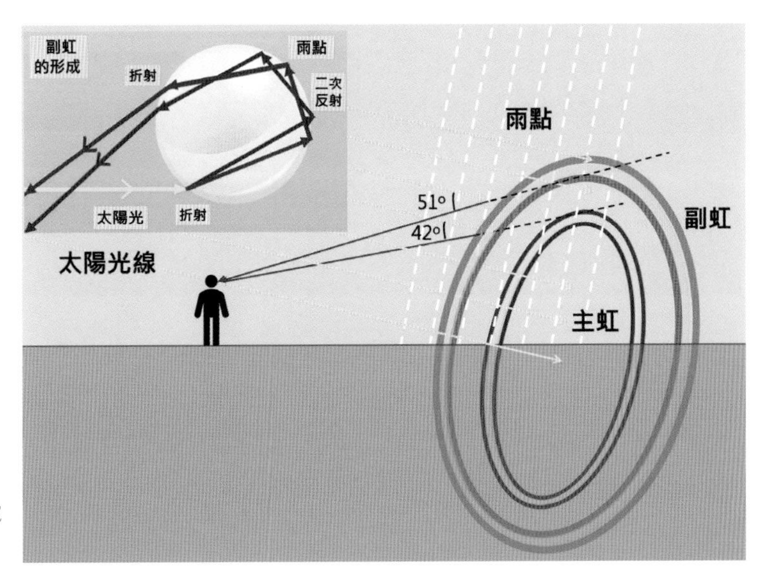

插圖 4.5.1.1 虹與霓

P4.5.1.2 虹與霓：六郎 2018/11/20 19:28 在新西蘭奧克蘭（Auckland, New Zealand）拍攝（太陽在地平線上 7 度 19 分）

P4.5.1.3 虹與霓：彭萬山 2016/09/23 15:19 在河北壩上拍攝（太陽在地平線上 30 度 3 分）

P4.5.1.4 虹與霓 駱善然 2017/10/03 09:30 在芬蘭（Finland）拍攝（太陽在地平線上 13 度 0 分）

P4.5.1.5 虹與霓 譚廣雄 2012/11/14 19:27 在紐西蘭（New Zealand）拍攝（太陽在地平線上 4 度 27 分，彩虹的弧度接近半個圓形）

4.5.2 雙生彩虹 Twinned Rainbows

「雙生彩虹」通常出現在下大驟雨的時候，是陽光照射到大氣中不同大小且非球形的水滴而形成的兩條像一分為二的主虹，它們緊貼在一起而且顏色順序都是一樣的，像孿生子一樣，是名副其實的「雙彩虹」。

P4.5.2.1 雙生彩虹：Cammy Li 2019/06/28 17:15 在將軍澳拍攝（太陽在地平線上 24 度 13 分。）

Cammy Li：「這天陽光中的驟雨下得頗大。」

P4.5.2.2 雙生彩虹（P4.5.2.1 的放大部份，相中共有三條彩虹，由外至內依次是「霓」、「主虹一」及「主虹二」。）

P4.5.2.3 雙生彩虹：Ben Wong 2020/07/30 06:50 在長洲海面拍攝（太陽在地平線上 11 度 17 分。）

P4.5.2.4 雙生彩虹：Stella Wan 2020/08/14 07:21 在泥涌拍攝（太陽在地平線上 17 度 17 分。）

4.5.3 紅色彩虹 Red Rainbow

P4.5.3.1 紅色彩虹：六郎 2012/05/19 19:01 在元朗拍攝
（這天日落時間是 18:58，這時太陽在地平線下 1 度 22 分，所以彩虹高度已是最高。）

「紅色彩虹」是彩虹的一種，只會出現在日出或日落的時候。日出或日落時陽光經過大氣低層較長的路徑，被大量的空氣份子及塵埃散射。由於波長較短的藍光和綠光被大量散射，陽光到達觀察者時僅剩下偏紅及黃色的光，這時候只有漫天紅霞和「紅色彩虹」。

P4.5.3.2 紅色彩虹：Cammy Li 2019/06/13 19:03 在將軍澳拍攝
（這天日落時間是 19:09，這時太陽已接近地平線（在地平線上 0 度 18 分），所以彩虹高度接近最高。）

4.5.4 霧虹 Fogbow

P4.5.4.1 霧虹：Dr. Luk Wing Nin 2019/10/05 09:32 在日本旭岳拍攝（太陽在地平線上 44 度 24 分）

「霧虹」的成因和彩虹一樣，是陽光或月光照射在薄霧或霧時，經折射和反射而形成的。由於霧中的水滴非常小，光的衍射（繞射）效應使彩虹的顏色變得偏白，霧虹有時亦稱為「雲虹」（Cloudbow）或「白虹」（White rainbow）。霧虹呈白色帶狀，寬度比一般主虹寬，其外側通常有淡紅色薄帶，內側為淡藍色薄帶。

觀察要點：

觀察霧虹基本上和彩虹一樣，都要背向太陽，但首要條件是要有薄霧和明亮的陽光，而最好的觀察環境是在有薄霧的山上或寒冷的海面。在有海霧的日子，觀察者可多留意背向太陽的方向。如果發現霧虹的蹤影，在反日點觀察者頭部影子附近亦有可能出現彩光環。

P4.5.4.2 霧虹：梁威恒 2018/03/5 16:58 在小西灣拍攝 (太陽在地平線上 19 度 26 分)

2018 年 3 月 5 日，香港出現大型海霧（平流霧），特別是維港附近，當日早上及黃昏都有市民拍到美麗的霧虹照片。

P4.5.4.3 霧虹：李子祥 2007/08/15 09:16 在紐西蘭威靈頓（Wellington, New Zealand）拍攝 （太陽在地平線上 19 度 17 分）

P4.5.4.4 霧虹及彩光環：Dr. Luk Wing Nin 2020/11/22 08:26 在大帽山拍攝

4.5.5 反射虹與被反射虹
Reflection and Reflected Rainbows

P4.5.5.1 反射虹（在水面上夾在主虹（左）與副虹（右）之間的彩虹）及被反射虹（在水平線下的彩虹）：Stella Wan 2020/06/28 06:15 在泥涌碼頭拍攝（太陽在地平線上 6 度 3 分。）

照片 P4.5.5.1 總共可以清楚看見四條彩虹：(1) 主虹 (Primary Rainbow)、(2) 副虹 (Secondary Rainbow)、(3) 主反射虹 (Reflection Primary Rainbow) 及 (4) 主被反射虹 (Reflected Primary Rainbow)。

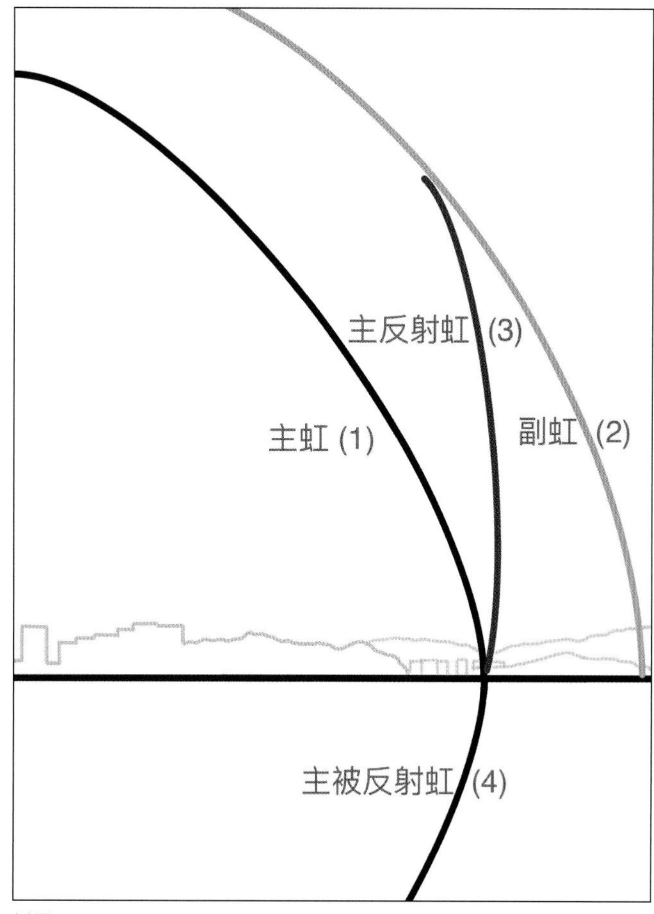

插圖 4.5.5.1

反射虹 (Reflection Rainbow)

陽光在平靜的水面（如海面、水庫或湖泊）上被反射而向上發出的光線，可作為新的光源，形成和主虹與副虹類似的彩虹（插圖 4.5.5.2），在這種情況下形成的彩虹統稱為「反射虹」(Reflection Rainbow)。對應於主虹與副虹，反射虹又可分為「主反射虹」(Reflection Primary Rainbow) 和「副反射虹」(Reflection Secondary Rainbow)。

反射光線的來源通常是在觀察者身後的平靜水體，但亦可以是在觀察者前面的水體，在這種情況下，觀察者只能看到反射虹的底部。

反射虹弧的中心在太陽的相反方向，它在地平線上的高度（H），與主虹 / 副虹對應的反日點距離地平線以下的高度（H）相同。反射虹與正常的彩虹在地平線上交匯，它與地平線的交角比正常的彩虹更大（插圖 4.5.5.3）。

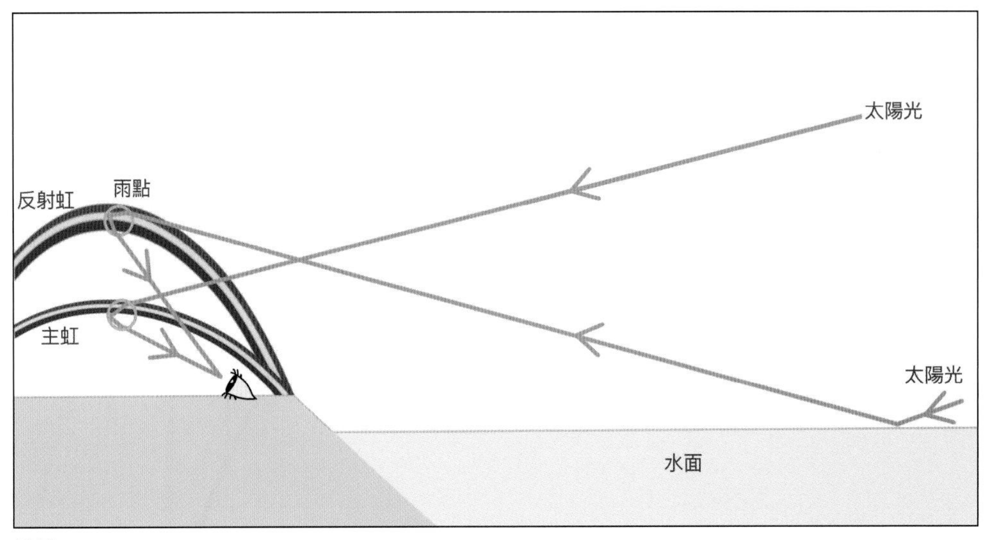

插圖 4.5.5.2

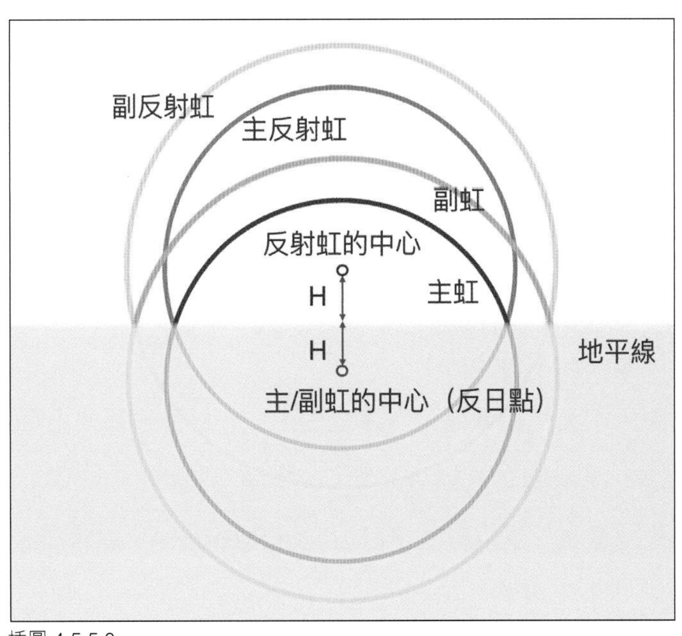

插圖 4.5.5.3

被反射虹 (Reflected Rainbow)

陽光通過在雨滴的折射、反射及再折射，最後再經平靜的水面反射，可形成「被反射虹」(Reflected Rainbow)（照片 P4.5.5.1 在海面下的彩虹，插圖 4.5.5.1 及插圖 4.5.5.4）。對應於主虹與副虹，被反射虹又可分為「主被反射虹」(Reflected Primary Rainbow) 和「副被反射虹」(Reflected Secondary Rainbow)。

水面的反射可將彩虹倒轉而形成被反射虹，並可在地平線下方看到，而被反射虹弧的中心在地平線上的高度，與反日點距離地平線以下的高度相同（插圖 4.5.5.4）。 被反射虹不是真正意義上的彩虹倒影，其實它是由不同的雨滴形成。

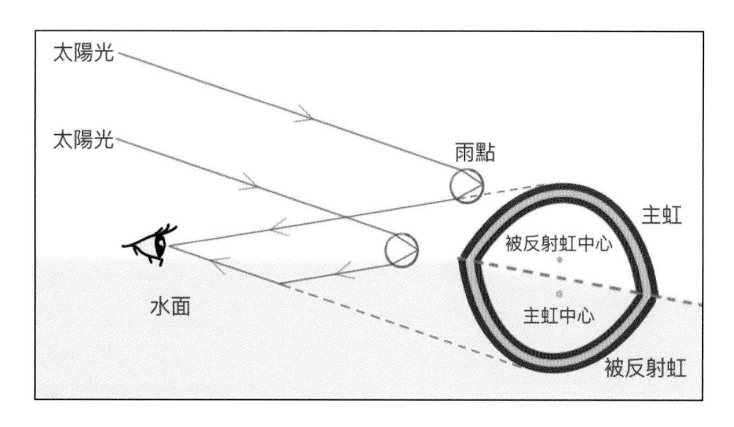

插圖 4.5.5.4

P4.5.5.2 反射虹（在水面上夾在主虹（左）與副虹（右）之間的彩虹）：Willis WL Chan 2020/06/13 17:24 在西貢萬宜水庫東壩拍攝（太陽在地平線上 21 度 46 分。）

Willis WL Chan：「今天雖然天氣不似預期，太陽非常猛烈 。不過大約五點幾準備離開東壩時突然下著細雨，在天空出現罕見的三條彩虹現象。 較下方有兩條部分重疊，較上方有一條獨立出來。」

4.6 雲隙光與反雲隙光 Crepuscular Rays and Anti-crepuscular Rays

「雲隙光」是指陽光被雲或高山所遮擋，從其邊緣或縫隙間射出，形成不同光暗的光柱，但由於「透視」（Perspective）的影響，看起來像從被遮擋的太陽中心向四面八方散發出來（插圖 4.6.1-4.6.4）。它較常出現在多雲的日子，亦俗稱「耶穌光」。雲隙光可在日出、日落或太陽高掛在天空時出現。由於空氣中的灰塵和水汽能夠使太陽的光線更為清晰明顯，所以沿海地區和濕度較高的山谷或早上有薄霧的林間都是觀賞雲隙光的較佳地點。雲隙光亦可由月亮產生，特別是在月圓之夜。

「曙暮暉」則特別指日出或日落時出現的雲隙光現象。

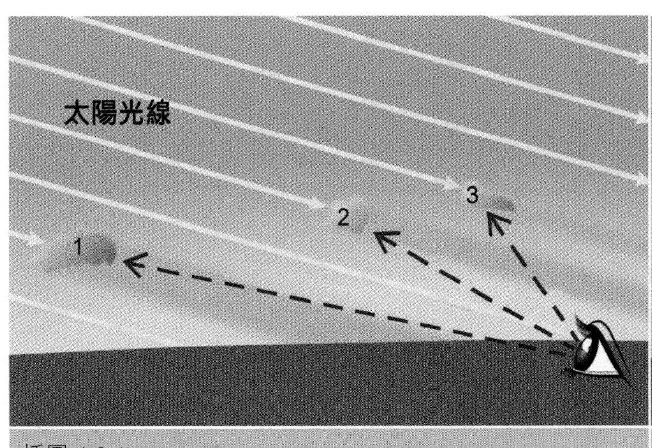

插圖 4.6.1：
陽光傾斜射向觀察者，部份直接射向觀察者，部份被雲所阻擋，觀察者因而看到天空上出現不同光暗的光柱。雲（1）的影子落在觀察者前面，雲（2）及（3）的影子經過觀察者頭部上方，落在觀察者後面。

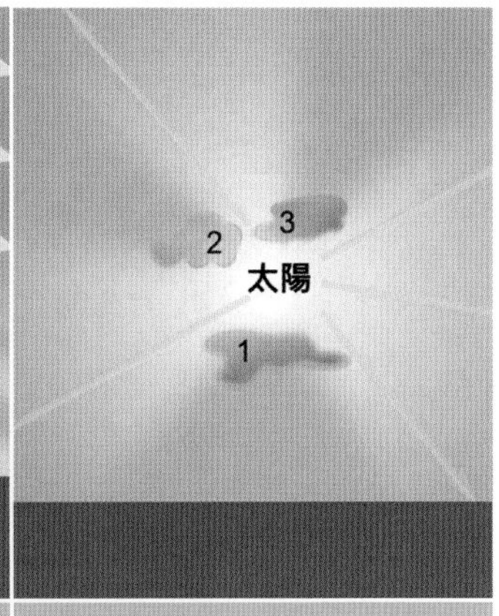

插圖 4.6.2：
由於透視的影響，觀察者看到的不同光暗的光柱好像從太陽中心向上下四方散射出來。

插圖 4.6.3：
透視效果在生活中的例子——由近至遠的階梯。觀察者看到的透視效果，階梯兩旁的欄桿像匯聚於相的中央。

插圖 4.6.4：
透視效果在生活中的例子——林間垂直生長的樹木，在地面上的觀察者往上看到的透視效果。樹木像從相中央的上方延伸出來。相左下方的樹，看起來是由寬變窄，直指相中央的上方，與雲隙光的透視效果一樣。

「反雲隙光」較常見於日出和日落時分，因此也常稱為「反曙暮暉」。當太陽光線從低角度射出，被較高的物體（如高山或積雨雲）所遮擋而形成較長且不同光暗的光柱，一直延伸到天空的另一邊，由於透視的影響，看起來像匯聚於太陽的相反方向，即接近地平線的反日點上。因此，反雲隙光日出時出現在西方，日落時出現在東方（插圖 4.6.5）。

日出東方時，剛好相反，東面是雲隙光，西面是反雲隙光。

插圖 4.6.5　日落時的雲隙光和反雲隙光示意圖

4.6.1 雲隙光 Crepuscular Rays

P4.6.1.1 雲隙光：六郎 2017/09/24 07:06 在西貢拍攝

P4.6.1.2 雲隙光：徐傑偉 2017/11/23 15:44 在大嶼山石壁拍攝

P4.6.1.3 雲隙光：六郎 2014/10/19 07:00 在荃灣拍攝

P4.6.1.4 雲隙光：張崇樂 2015/12/28 13:37 在長洲拍攝

P4.6.1.5 雲隙光：譚廣雄
2018/10/09 07:24
在香港天文台拍攝

4.6.2 反雲隙光 Anti-crepuscular Rays

P4.6.2.1 反雲隙光：李仲明 2019/1/29 07:59 在大帽山拍攝

拍攝的時候日出在東方，拍攝者當時在高山上背着太陽往西方拍攝。由於透視的效果，不同光暗的光柱就好像匯聚在西方地平線下的反日點。

4.6.3 曙暮暉 Crepuscular Rays

P4.6.3.1 曙暮暉：六郎 2015/06/17 19:06 在元朗拍攝

相中除了曙暮暉外，還可見左邊積雲頂被照得通透的幞狀雲。

P4.6.3.2 曙暮暉：張崇樂 2013/08/06 19:15 在白泥拍攝

2013年8月6日的曙暮暉：當日黃昏時分，香港天空的雲彩非常艷麗，同時很多市民亦看到天空上有筆直的黑影劃破長空，大家都嘖嘖稱奇，這種少見的天象成為當時的城中熱話。香港天文台特別發表了以下一篇文章解釋這次天象，並拍了一套短片詳細介紹。

解構雲隙光

雲隙光短片

P4.6.3.3 曙暮暉：張崇樂
2013/08/06 19:08 在白泥拍攝

2013年8月6日的曙暮暉，天空上有筆直的黑影劃破長空。

P4.6.3.4 曙暮暉：Young Chuen Yee 2018/05/20 19:08 在香港國際機場維修區拍攝。

受左邊的雲層影響，當日的曙暮暉使水天各自分成一半。

P4.6.3.5 曙暮暉：Mark Mak 2016/06/24 19:2
港國際機場拍攝

4.6.4 反曙暮暉 Anti-crepuscular Rays

P4.6.4.1 曙暮暉（右）及反曙暮暉（左）：六郎 2021/09/04 18:57 在元朗拍攝

拍攝的時候正值日落，太陽被右邊的山和積雲阻擋，由於透視的效果，曙暮暉看似從太陽發散出來，一直延伸到東面，形成反曙暮暉，平行的光線看起來像是在反日點（左）匯聚。

P4.6.4.2 曙暮暉（右）及反曙暮暉（左）：Ada Lau 2016/07/22 19:08 在沙頭角拍攝

拍攝的時候正值日落，太陽在右邊，陽光被一大片積雨雲阻擋，可清晰看見曙暮暉從積雨雲頂發散出來，一直延伸到東面，形成反曙暮暉，平行的影區看起來像是在反日點（左）匯聚。

P4.6.4.3 反曙暮暉：何碧霞 2017/08/07 19:09 在元朗拍攝

日落時分，拍攝者往東面拍攝，當時正值月出。

P4.6.4.4 反曙暮暉：Wong Kwok Kin 2018/05/26 19:12 在流浮山拍攝

日落時分，拍攝者往東面拍攝，反曙暮暉看似匯聚在接近地平線上的反日點。

P4.6.4.5 反曙暮暉：何碧霞 2019/07/25 19:15 在元朗拍攝

日落時分，拍攝者往東面拍攝。

P4.6.4.6 反曙暮暉：何碧霞 2019/07/26 19:04 在元朗拍攝

日落時分，拍攝者往東面拍攝。

4.6.5 雲影 Cloud Shadow

P4.6.5.1 雲影與雲隙光：譚廣雄 2015/06/08 08:46 在尖沙咀拍攝

雲隙光出現在高大的積雲附近時，我們經常看到好像有光線從積雲背後的影子中散射出來（P4.6.5.1）。這只是一種錯覺。與我們的直覺剛好相反，雲的影子其實是向下投射到積雲下面的一層薄雲或煙霞上，而觀察者在地面上看到的「雲影」卻好像在積雲的上方（插圖 4.6.5.1-4.6.5.2）。有時，若積雲下面有多層薄雲或煙霞，可以出現多重雲影。

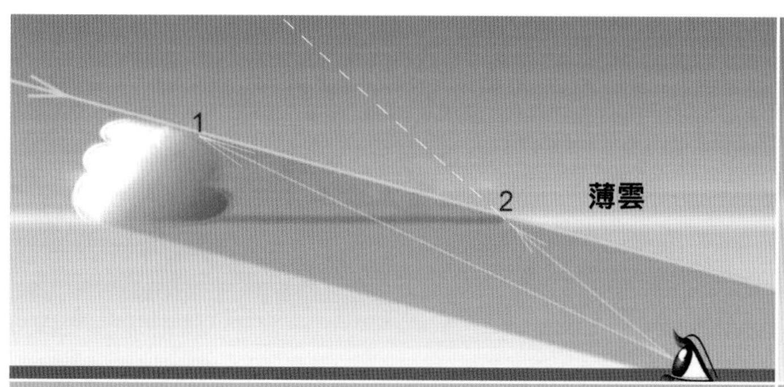

插圖 4.6.5.1
陽光向下斜射，把積雲的影子投射到一層薄雲上，形成較暗的影子。積雲頂部在圖中（1）的方向。投射到薄雲上的雲影，其頂部在圖中（2）的方向，在地面上的觀察者會覺得雲影頂部是在積雲頂部的上方（插圖 4.6.5.2）。

插圖 4.6.5.2
在地面上的觀察者看到的積雲和積雲影子的外觀。由於透視的影響，雲隙光像是從積雲背後的太陽中心向四面八方散發出來。事實上，這些光影都是由不規則的積雲邊沿所產生的平行光線所形成。

P4.6.5.2 雲影：Cammy Li 2017/09/10 07:55 在將軍澳拍攝

Cammy Li:「這張雲影形狀有點像蝙蝠俠，在外國網站 Earthsky 分享時外國朋友也曾留言「batman」。拍攝當天只是覺得雲是有些詭異，高興遇到這個「batman」。」

插圖 4.6.5.3

手畫的示意圖：積雲（藍色）造成長長的影子（紅色），當時太陽的高度是 23 度，陽光在屋宇旁左方向下照射。

P4.6.5.3 雲影與雲隙光：陳其榮
2019/10/10 10:17 在元朗拍攝

P4.6.5.4 雲影與雲隙光：Cammy Li
2017/07/29 15:26 在調景嶺拍攝

P4.6.5.5 雲影：田進福
2018/05/30 18:46
在大生圍拍攝

4.7 其他光學現象 Other Optical Phenomena

4.7.1 閃電 Lightning

閃電是由積雨雲產生的放電現象，主要有以下三種類型：

1. 雲對地放電——亦稱「雲對地閃電」（Cloud-to-ground Lightning）
2. 雲放電——包括「雲內閃電」（Intra-cloud Lightning）及「雲間閃電」（Cloud-to-cloud Lightning）
3. 雲對大氣放電（Air Discharge）

插圖 4.7.1.1 是這三類放電現象的示意圖。

P4.7.1.1 雲對地閃電：張崇樂 2016/07/26 19:37 在元朗大生圍拍攝

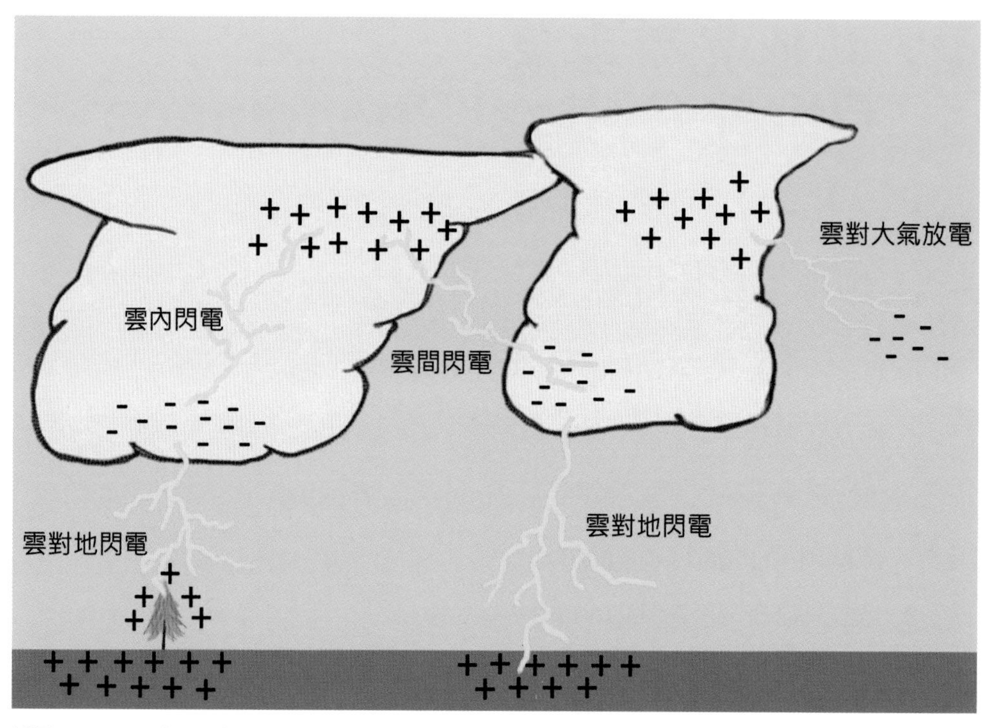

插圖 4.7.1.1 由積雨雲產生的不同種類的閃電示意圖（圖中物件並不依比例）

要產生放電現象，在積雨雲內部首先要有電荷分離。在積雨雲內電荷分離的過程其實相當複雜，但其中一個廣為科學家接受的簡單電荷分離機制是：由於積雨雲內的空氣處於非常不穩定狀態，存在劇烈的上升氣流，較輕的冰晶在被上升氣流往上輸送的過程中，與下降中或懸浮着的較重雹粒發生碰撞而產生電荷分離，冰晶帶正電荷而雹粒帶負電荷。上升氣流把帶正電荷的冰晶帶到積雨雲頂部並向水平方向擴展，而雹粒則把負電荷帶到積雨雲底部。這個過程不斷重複，因而積雨雲頂部積存了大量正電荷而底部則積存了大量負電荷。另一方面，積雨雲底部的負電荷會在地面形成感應正電荷。當正負電荷累積到足夠的數量，到達臨界點時，便會引發不同類型的放電現象（插圖 4.7.1.1）。雲內閃電與雲間閃電發生最頻繁，次數大約是雲對地閃電的十倍。

積雨雲放電時會發出強烈的閃光，這就是我們平時見到的閃電。放電時會產生大量熱能，令周圍的空氣急劇膨脹，產生聲音而造成隆隆的雷聲。

有關閃電的其他詳情請參考以下的香港天文台教育資源：

為甚麼閃電形狀既彎曲又開叉

此外，與積雨雲有關的放電現象還有其他的形式，但一般較罕見或要利用感光度高的攝影器材才可拍攝到，這裏不再詳述。有興趣的讀者可參考以下「國際雲圖」有關閃電的章節：

另外，在火山爆發期間，有時可看到和火山灰相關的閃電。

觀察注意：在戶外拍攝閃電會有危險，請確保自身安全，盡量留在室內。雷暴警告期間切勿到户外或山上拍攝。

P4.7.1.2 雲對地閃電：Pong Leung 2014/08/01 20:56 在青馬橋拍攝

P4.7.1.3 雲間及雲對地閃電：Rita Ho 2018/08/23 21:44 在九龍灣拍攝

P4.7.1.4 雲對地閃電：Wong Kwok Kin 2019/10/06 23:40 在元朗拍攝

P4.7.1.5 雲對地閃電：Jeffrey Poon 2016/06/12 03:32 在昂船洲大橋拍攝

P4.7.1.6 積雨雲頂的特殊放電現象——「藍色噴流」（Blue Jet）：王嘉雯 2017/07/23 01:05 在萬宜水庫東壩向東南方拍攝

王嘉雯：「我們進入東壩路上，一號風球已懸掛，下着大雨。看過雷達圖得知雨雲快離開，便繼續上路。到達涼亭時，雨已經停下，還看到一堆星星。我們走到防波堤，拍了星流跡 timelapse，不久天空便隆隆作響，我就轉為拍攝雷電了，非常幸運拍攝到此照片。」

編者按：2017 年 7 月 23 日凌晨一時左右，熱帶風暴洛克正逐漸迫近廣東沿岸，在天文台雷達圖（插圖 4.7.1.2）可見洛克的中心約在香港東南面 200 公里附近，其西面有一南北走向的雷雨帶（圖中黃 / 橙色部份）。拍攝者向香港東南方拍攝到的積雨雲放電現象，正是來自這雷雨帶。

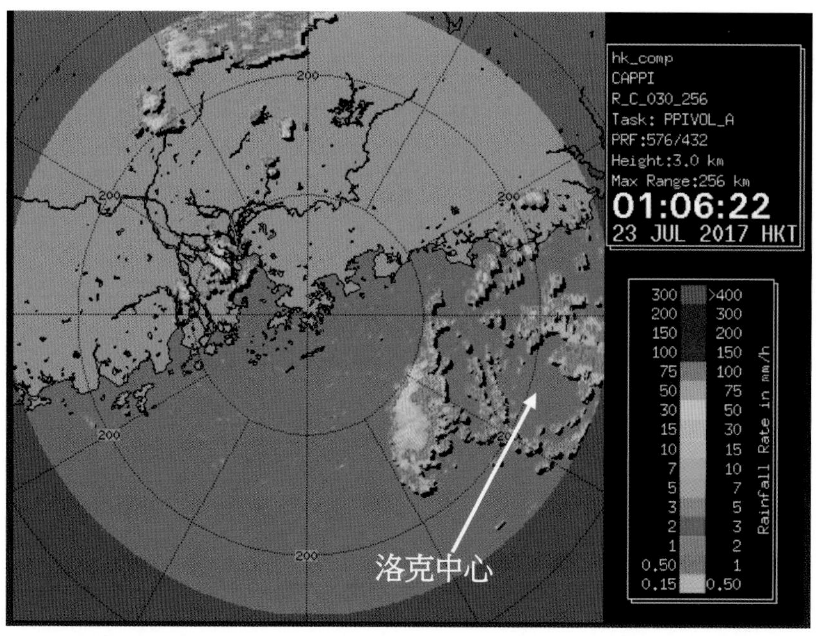

插圖 4.7.1.2
天文台雷達圖像
2017/7/23 01:06

P4.7.1.6 是一種較為罕見的大氣中高層放電現象，是屬於「瞬態發光事件」（Transient Luminous Events）的其中一種，有興趣的讀者可參考「國際雲圖」有關章節及以下參考資料：

大氣中高層放電現象的
「瞬態發光事件」短片：

4.7.2 極光 Aurora

P4.7.2.1 極光：Grace Law 2014/02/02 23:00 在挪威特羅姆瑟（Tromsø, Norway）拍攝

當來自太陽的高能量帶電粒子流（又稱太陽風）進入地球磁場，會在南北兩極附近的高空與地球大氣層的空氣粒子碰撞，產生絢麗多彩的光，這就是極光 (Aurora) （插圖 4.7.2.1）。極光通常在高緯度地區出現，在北極的叫北極光，在南極的叫南極光。極光的形態取決於帶電粒子的移動方向及地球磁場的變化，但總括來説還是可分類為弧形、帶狀、片狀、簾狀、螺旋狀及放射線等形態，而極光的顏色則視乎大氣層空氣粒子的狀況。大氣層中的氧原子與高能量帶電粒子碰撞後會釋放出綠色及紅色的光，而氮原子則會釋放出紫色及藍色的光。

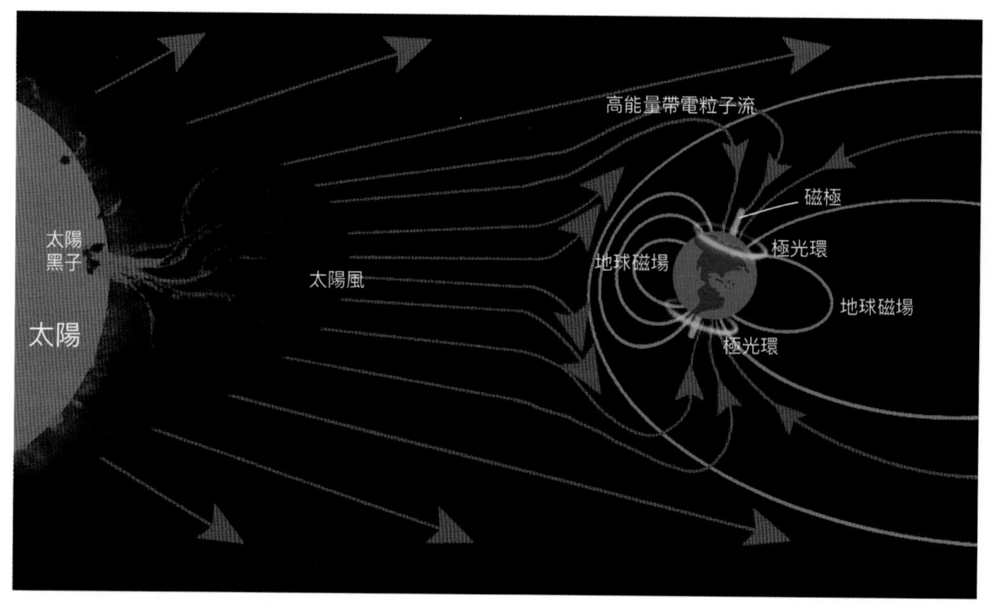

插圖 4.7.2.1

觀察要點：

不要以為去高緯度地區就一定可以看到極光。由於地球的地磁極並非與地理上的南北極位處同一地區，極光會經常出現在南北緯 67 度附近的兩個環形帶狀區域內。看極光的先決條件除要天氣好外，還要看季節、日期和時間：首先冬天最好，因為日短夜長，可以觀看極光的時間較長；二是接近新月（即初一附近）的日子較好，不會受月球的光線影響觀察和拍攝；最後在接近半夜即晚上 10 時到凌晨 2 時的天空夠黑，有利觀看。看極光還要看地球磁場擾動的程度。地磁風暴指數 (Kp Index) 是用來描述地球磁場擾動的情況，並以 0-9 來量化地磁風暴的強弱，Kp 指數越高代表極光帶更強更壯觀，覆蓋範圍更廣，有時連較低緯度的地方也可看到極光。一般來說，Kp 指數達 4-5 時極光都會比較活躍，可以說「有看頭」。在北半球，最容易看到極光的地方有加拿大黃刀鎮、美國費爾班克斯、格陵蘭、冰島、挪威、瑞典及芬蘭。在南半球，除南極洲外，在高緯度的南美洲、澳洲的塔斯曼尼亞和紐西蘭南島南部都是理想的觀察地點。

有關北極光的預測，可參考以下網站：

Aurora Service（歐洲適用）

Aurora Forecast - University of Alaska Fairbanks（北美洲適用）

P4.7.2.2 極光：林俊健 2018/01/15 23:16 在加拿大黃刀鎮（Yellowknife, Canada）拍攝

P4.7.2.3 極光：岑智明 2018/02/15 22:14 在挪威特羅姆瑟（Tromsø, Norway）拍攝

P4.7.2.4 極光：岑智明 2018/02/16 22:08 在挪威特羅姆瑟（Tromsø, Norway）拍攝

P4.7.2.5 極光：岑智明 2018/02/17 22:46 在挪威特羅姆瑟（Tromsø, Norway）拍攝

P4.7.2.6 極光：岑智明 2018/02/17 23:28 在挪威特羅姆瑟（Tromsø, Norway）拍攝

岑智明：「這是我人生第一次觀看極光，而且可以連續三晚看到，的確好運！第一晚是農曆除夕，Kp 指數達 4，極光很早（約下午 6 時半）就出現，到晚上 10 時後就更加活躍，看到螺旋狀極光（P4.7.2.3 及短片 1）。第二晚大年初一卻沒有太大期望，因為 Kp 指數只有 1。雖然約下午 7 時出現極光，但比較弱，很多團友過了一會都逐漸回到車上保暖，但我卻依然在零下 10 度下堅持拍攝，結果皇天不負有心人，到了晚上 10 時後極光轉為活躍，像飛龍在天（P4.7.2.4 及短片 2）。最後一晚是年初二，雖然早一晚冷病了，卻無阻我再次冒着嚴寒「追光」。這晚 Kp 指數達到 5，整晚極光都極為活躍，變化得很快，一時像神鳥天降，而且略帶紫色（P4.7.2.5），一時又變成弧形（P4.7.2.6），簡直目不暇給。年初三我因病提早離開挪威回港，在赫爾辛基機場碰上幾位香港朋友，他們剛從芬蘭北部回到赫爾辛基，告訴我連續幾天都密雲下雨，完全看不到極光，與我的經歷剛好相反。我感到無比幸運，雖然冷病都是值得的，同時亦察覺到在過去數天北歐持續吹偏東氣流，芬蘭和挪威中間隔着高山，芬蘭在上風區，所以雲層積聚和下雨，而挪威在下風區，因此幾天都是晴天。是否可以看到極光固然有幸運成分，但天氣卻是最關鍵的因素。」

極光短片 1

極光短片 2

P4.7.2.7 極光：Grace Law 2017/09/08 23:18 在格陵蘭塔斯拉克（Tasiilaq, Greenland）拍攝

P4.7.2.8 極光：Grace Law 2016/02/15 00:10 在冰島雷克雅維克（Reykjavik, Iceland）拍攝

P4.7.2.9 極光：Grace Law 2014/12/21 23:20 在挪威特羅姆瑟（Tromsø, Norway）拍攝

P4.7.2.10 極光：Grace Law 2017/12/28 04:45 在飛機上途經加拿大北部（North Canada）拍攝

Grace Law：「2014 年 2 月，我第一次踏足北極圈，遇上了北極光。隨後數年，工作以外就不斷「追光」。2017 年 12 月從紐約回港航班上進行的極光拍攝，更是我一個畢生難忘的攝影經歷。極光、繁星、月夜……慶幸照片能保留到大自然臻於完美的一刻。」

P4.7.2.11 極光：何碧霞 2013/04/20 00:08 在加拿大黃刀鎮（Yellowknife, Canada）拍攝

P4.7.2.12 極光：何碧霞 2013/04/20 00:07 在加拿大黃刀鎮（Yellowknife, Canada）拍攝

何碧霞：「這次旅程一連去了三個晚上，因為天氣嚴寒關係，每晚只能去主辦團公司的湖邊小木屋看，因為我們不能長時間待在室外！湖邊小木屋內有暖洋洋的火爐，有熱飲、熱湯和餅食。在等待極光出現前，可以待在裏面休息，或看久了，回來暖暖身子！除司機外，導遊小姐和每晚同遊的遊客都是日本人，我和兒子馬上變得像少數民族一樣！不去不知，原來黃刀鎮是日本人看極光的熱點。」

極光短片 3

4.7.3 綠閃光 Green Flash

P4.7.3.1 綠閃光：梁譽寶 2020/03/01 06:44 在大帽山拍攝

綠閃光是在日出或日落頃刻出現的罕有大氣光學現象。它出現在太陽的上緣，呈綠色，通常只會維持不多於兩秒，加上需要高能見度、少雲等天氣狀況配合才能一睹其真身，因此極難捕捉。由於綠閃光出現時間極為短暫，一瞬即逝，加上用肉眼直望太陽會傷及眼睛，用相機拍攝到的機會也並不高。但透過攝錄機的幫助，捕捉綠閃光這個不可能的任務也變得可能！

綠閃光是太陽光線被大氣層折射造成的，大氣低層的密度較大氣高層的為高，情況就像三稜鏡，太陽光線經過時會產生折射，令路徑有不同程度的稍微彎曲，折射出七色光芒，折射在海市蜃樓（mirage）出現時會更為明顯。較高頻的藍和綠光的路徑比較低頻的紅和橙光更為彎曲。當剛剛日出前的一刻，低頻光還被地球彎曲表面阻擋而未到達時，高頻光已率先被看到，這就是綠/藍閃光了，但因藍光容易被大氣層散射而離開視線，往往只會出現綠閃光！這個情況在日落時分也可以發生。由於地球表面彎曲，原則上不論在海上、地面、高山甚至飛機上都有機會看到綠閃光，但前題是要天氣許可，視野無阻。

參考

1. 世界氣象組織「國際雲圖」（International Cloud Atlas）網頁版：https://cloudatlas.wmo.int/en/home.html

2. 社區天氣觀測計劃 CWOS Facebook 公開群組：https://www.facebook.com/groups/icwos/

3. 香港天文台教育資源總匯：https://www.hko.gov.hk/tc/education/edu.htm

4. 香港天文台「度天賞雲」電子書：https://kids.weather.gov.hk/eBook/ebook_cloud/ebook_shelf_uc.htm

5. Atmospheric Optics：https://www.atoptics.co.uk/

6. Cloud Appreciation Society：https://cloudappreciationsociety.org/

7. Learn about weather, UK Met Office：https://www.metoffice.gov.uk/weather/learn-about/weather/

8. Introduction to Clouds, National Weather Service, USA：https://www.weather.gov/jetstream/clouds_intro/

9. What's this cloud：https://whatsthiscloud.com/

特別鳴謝

香港氣象學會鳴謝香港天文台允許採用其網站和教育資源內的材料，供出版之用。學會亦衷心感謝以下朋友和 CWOS 組員提供精彩的雲和大氣光學照片，並收錄在此書中，特此鳴謝。

（排名不分先後）

Ada Lau
Albert Chan
Alfred Lee
Alice Chan
Alison Tam
Anthony Shek
Ben Wong
Benny Lau
Camille Lok
Cammy Li
Caroline Lai
Cat Chu
Charman To
Christon Lee
Cola Ng
Cora Cheng
CY Lai
Cy Lee
Danny Kwok
Debby Tam
Florence Lee
Grace Law
Huey Pang
Iris Lee
Jeffrey Poon
Kwan Chuk Man
Laurence Lai
Luk Wing Nin (Dr)
Mark Mak
Mark Tang
Matilda Au
Matthew Chin
Nero Sin
Oq Wing
Pong Leung
Priscilla Ho
Rita Ho
Ronald Yu
Simon Wong
Stella Wan
Steve Willington
Susanna Choi
Tam K W Dorothy
Tsang Yu Wa
Tse Hon Ming
Vivienne Fong
Waddle CH Kong
Willis W.L. Chan
Wong Kwok Kin
Young Chuen Yee
六郎
王嘉雯
田進福
何碧霞
岑智明
李子祥
李仲明
胡文心
徐傑偉
張崇樂
張毓忠
梁秉偉
梁威恒
莫慶炎
陳其榮
陳美淑
麥梓鍵
傅正德
彭萬山
楊國寶
鄭佩佩
鄭楚明
黎宏駿
駱善然
譚焯明博士
譚嘉禧
譚廣雄
梁譽寶
郭天能
林俊健

CWOS Facebook 群組 :https://www.facebook.com/groups/icwos/

名詞索引

書　　名　**觀雲識天賞光影**——有趣的雲和大氣光學現象
More than a silver lining
—— deciphering the clouds and atmospheric optical phenomena

編　　者　香港氣象學會
Hong Kong Meteorological Society
www.meteorology.org.hk

編　　輯　譚廣雄　何碧霞　錢正榮
Tam Kwong Hung　Ho Pik Har　Chin Ching Wing

美術編輯　楊曉林

出　　版　天地圖書有限公司
香港黃竹坑道46號
新興工業大廈11樓（總寫字樓）
電話：2528 3671　傳真：2865 2609
香港灣仔莊士敦道30號地庫／1樓（門市部）
電話：2865 0708　傳真：2861 1541

印　　刷　亨泰印刷有限公司
柴灣利眾街27號德景工業大廈10字樓
電話：2896 3687　傳真：2558 1902

發　　行　香港聯合書刊物流有限公司
香港新界大埔汀麗路36號中華商務印刷大廈3字樓
電話：2150 2100　傳真：2407 3062

出版日期　2020年7月初版／2021年11月增訂版・香港

ISBN ：978-988-8548-96-5